本书编委会

主　　任：周跃峰　肖德刚　常　胜　王旭东
副主任：龚　涛　裴方佳　郭宜峰
编　　委：樊　杰　王　振　詹彭冲　陈　翠
　　　　　王慧敏　黄莉丽　王　强　陈振华
　　　　　许文静　张　震　翟　爽　黄　昆
　　　　　范　珏　华　娴　李根明　孙　睿
　　　　　韩　茂　谭　华　薛　寒　吴跃康
　　　　　刘云皓　申　珅　戴伏羲　黄　亭
　　　　　唐德云　罗　燚　刘玮琦　仇东华
　　　　　冯　真　许博文　梁佳妮　陈奕杉
　　　　　乐　遥　周　妍

在数字经济蓬勃发展的时代，数据已成为推动创新和发展的核心资源。数据的爆炸式增长不仅促进了新兴技术的不断涌现，也给数据存储和管理带来了前所未有的挑战。随着大数据、IoT 和 AI 等技术的快速发展，数据的种类和数量呈现爆炸式增长态势。无论是个人设备、企业系统，还是智慧城市中的各类传感器，都产生了大量的数据。这些数据不仅包括结构化数据，如数据库中的记录，还包括大量的非结构化数据，如视频、图片、文本和传感器数据。

然而，数据的价值不仅体现在庞大的数量上，更体现在通过有效的分析和管理，可以挖掘出巨大的商业价值和社会价值。企业可以利用这些数据进行精准营销、优化供应链、提升客户体验等；科研机构与医疗机构可以利用这些数据推动科学研究、改进医疗诊断方式和治疗方案等；政府机构可以通过数据分析提升公共服务和社会治理水平。

面对如此庞大的数据量，传统的数据存储和管理技术显得力不从心。高效的数据存储和管理需要解决存储容量、数据处理速度、数据安全性和数据隐私等方面的问题。数据存储技术（如全闪化存储、分布式存储、备份存储等）的发展，为解决这些问题提供了新的思路和方案。同时，数据管理技术（如大数据分析、AI 算法、数据挖掘技术等）的发展，也为数据的高效利用和价值挖掘提供了强大的工具和方法。

数据存储长期以来被西方国家置于优先发展的战略地位，例如，

2021 年，美国国会授权美国政府在其后 5 年内拨款 1100 多亿美元，用于基础和先进技术研究，覆盖十大关键技术领域，其中就包括数据存储和数据管理。过去，我们往往将数据存储看作产品，将其与计算机的电源、键盘、机箱等同等看待，当作一种计算机配件。显然，在以数据为生产要素的数字时代，数据存储具有庞大的产业规模和重要的产业地位，我们要重新认识它。就如软件一样，在计算机发展初期，曾被当作主机的配套产品，但随着自身的发展壮大，现在已被公认为一个基础性、战略性、先导性产业。

先进数据存力这个概念，在当前的背景下显得尤为重要。它不仅是社会经济高质量发展的"数字基石"，更是加速智能经济发展的高性能引擎。本书对先进数据存力定义、现状概览、指标体系、发展趋势及行动倡议等方面进行阐述与解读。

作为一名致力于信息技术研究的科学工作者，我对能够见证和参与数据存储领域的快速发展深感荣幸。我坚信，随着先进数据存力的不断发展，我们必将迎来一个更加智能化、数据驱动的未来。在这个未来中，数据将不仅是静态的存储和记录，还是可以动态利用和深度挖掘的宝贵资源，能为社会的进步和提升人类的社会福祉做出更大的贡献。

希望本书能够为读者提供有价值的知识和启发，帮助读者更好地理解和应用先进数据存力，推动数据存储和管理领域的发展。让我们共同努力，迎接数智时代的到来！

倪光南

中国工程院院士

序言二

　　自 2022 年以来，我们欣喜地看到，随着 AI 产业的蓬勃发展，AI 技术在制造业、农业、医疗、教育等领域得到更广泛的应用。作为支撑智能技术发展的基础设施，数据存力又向前迈进了一大步，不仅体现在存储技术的精进上，更体现在其服务智能化社会建设的能力提升上。

　　在当今数智时代，数字经济快速发展，数据已经成为推动技术创新和经济发展的核心资源。数据量与数据多样性的爆炸性增长对数据存储和管理提出了前所未有的挑战。在此背景下，"先进数据存力"应运而生，成为应对这一挑战的关键理念和技术手段。它不仅关注数据的存储容量，还涵盖了性能、可靠性、安全性、能效、可扩展性、易管理等多个维度指标。先进数据存力不仅立足于当前的数据存储需求，更着眼于未来的数据管理和应用场景，致力于为数据驱动的智能社会提供坚实的底层支撑。

　　数据存储技术的演进历程表明，从早期的磁带存储、磁盘存储，到如今的 SSD 存储、云存储，每一次技术革新都推动了数据处理能力的显著提升。随着 AI、大数据和 IoT 等技术的迅猛发展，传统的数据存储方式已经难以应对现代化应用对数据存储效率和管理智能化等的需求。先进数据存力不仅依赖先进存储介质、体系结构等技术进步，而且关注数据在全生命周期内的高效管理和智能应用，即从数据生成、存储、传输，到处理、分析和利用，数据不仅被高效存储，还被深度挖掘和灵活应用，为各行各业的应用提供源源不断的创新动力，从而灵活应对未来社会发展的多样化需求，促进企业和社会的进步。

本书介绍先进数据存力的衡量指标体系这一关键内容。这一体系不仅为我们提供了评估数据存储能力的参考，还通过全球视野下横向和纵向的对比，让读者更加全面地了解各国数据存力，特别是我国数据存力在全球范围内所处的地位。书中通过多个维度的数据存力指标，对全球各个区域、数据中心以及单个设备进行比较，总结了我国的优势与不足，从而也为我国更有针对性地提升数据存储能力指明了努力方向。

未来已来，先进数据存力正是引领我们迈向智能化、数据驱动新时代的核心力量。希望通过不断的技术创新，我们能够更好地利用数据资源，共同迎接更加美好和智能化的未来。

冯丹

华中科技大学教授

AI 技术的持续、快速发展正在推动各行业迈向全面智能化。我们认为，憧憬数智时代的企业应具备"6 个 A"的特征，分别是 Adaptive User Experience（自适应用户体验）、Auto-Evolving Product（自演进产品）、Autonomous Operation（自治的运营）、Augmented Workforce（增强的劳动力）、All-Connected Resource（全量全要素全联接）和 AI-Native Infrastructure（智能原生基础设施），前"4 个 A"表征的是智能化的效果，后"2 个 A"表征的是智能化的基础。其中，智能原生基础设施包括数据算力基础设施、数据存力基础设施、数据运力基础设施等。

在数智时代，大模型训练产生的海量历史冷数据觉醒、数字化因 AI 走深向实所带来的热数据激增等作为前所未有的驱动力，推动数据存力在访问性能、数据安全、可持续发展、容量扩展、数据范式、数据管理 6 个大方向大跨步演进。

访问性能：一方面，大模型训练需要的 Checkpoint（检查点）机制要求极高的数据读写吞吐性能（访问性能），以提升 AI 算力可用度；另一方面，数字化在融合智能化后产生了更多的数据，需要及时进行处理，这比以往任何时候都更加需要高数据访问性能。

数据安全：AI 在带来生产力提升的同时，降低了网络攻击、勒索软件攻击的门槛。数智时代需要更加全面和深入的数据安全保护，从而做到有效容灾、备份、防勒索等。

可持续发展：在数智时代，可持续发展有了新的意义，不仅要做到绿色低碳，还要考虑尽量多地留存各种数据，包括原始数据、结果数据，甚至过程数据等，避免在未来陷入"用时方恨数据少"的尴尬境地。

容量扩展：在数据规模因 AI 爆炸式增长的今天，EB 级存储需求已经出现，如此规模的存储需求带来了对容量扩展的新挑战，例如海量数据的低成本长期留存、热数据性能随容量线性增长等。

数据范式：从数据存储的发展历史来看，新应用总会催生新的接口协议，也就是数据范式（Data Paradigm），以提升新应用的数据访问效率。例如，数据库催生了 SAN，互联网催生了 NAS，大数据催生了 HDFS，云计算催生了对象（Object）。AI 也不会例外，我们已经看到向量数据访问、长记忆内存式访问等多种 AI 催生的新数据范式。

数据管理：如何实现海量数据的管理，尤其是跨域海量数据的管理，已经成为大模型头部"玩家"们首先要解决的问题。不少头部"玩家"已经开始使用 AI for Storage 来协助简化数据管理。随着数智时代的不断发展，数据管理的复杂度将持续增加，这个问题也将成为更多企业需要面对和解决的问题。

这些需求和挑战勾勒出未来数据存力的轮廓，推动着数据存力向先进数据存力发展，以满足企业未来 AI 应用可持续发展的需求。先进数据存力是前沿技术，更是推动千行百业实现智能化的关键力量。希望本书可以帮助读者理解先进数据存力对释放数据价值的现实意义，帮助企业以先进数据存力为"6 个 A"夯实基础，进而在数智时代中脱颖而出，成为赢家。

党文栓

华为首席战略架构师

做数据觉醒时代的"造纸人"

◎ **造纸术让知识变得廉价和普及；记录知识是人类文明发展的基础**

在中世纪的欧洲，书是贵族阶层和宗教阶层的专属物。在中国的造纸术传入欧洲之前，欧洲有两种纸。一种纸源自埃及的纸草，类似今天的压合板，其制作过程是将一种类似芦苇的植物（纸莎草）的茎部切割为狭长的条，进行击打和干燥等处理后压平。这种纸在干燥条件下可以千年不腐，但是在天气潮湿的时候，容易散架。一本用这种纸制作的《圣经》可达 1000 多页，一个农民需要十几年的收入才能买一本由纸草制作的《圣经》。

还有一种是羊皮纸，将新鲜的动物皮制作成可以书写的纸是一个漫长而辛苦的工作。制作一本《圣经》需要用大约 300 头羊的皮，对普通大众来说拥有这样一本书几乎是天方夜谭！贵族阶层和宗教阶层以此控制对《圣经》的解释权，让民众信服其主张，进而掌控了权力。12 世纪前后，中国的造纸术从阿拉伯地区传入西班牙，随后造纸术的影响力继续向北延伸，法国人于 1189 年在埃罗建造了第一个造纸场，并在随后的几个世纪在其他地方建造了更多的造纸场。中国造纸术的传入，让知识在欧洲变得廉价，并开始普及。这也直接促进了宗教改革等历史性变革的发生。

"经验转化成知识，知识被记录"，这是人类文明发展的基础。记录知识的技术的发展，使人类能够群体性学习和进化。人类在地球上已经出现了几十万年，正是基于这种能力，人类文明才能在近3000年的时间里飞速发展！

◎ **信息的数字化及其可靠的记录和传播构成了数字时代的基石**

随着电子计算机技术的出现和发展，人类进入了数字时代。电子计算机技术是为了解决繁重的数值计算问题而诞生的。最早的图灵机在第二次世界大战中被用于破解德国的军事密码，而美国更是用第一代电子计算机来计算火炮的射击路径。

用电子计算机解决问题，首先需要把信息"翻译"成数字，这促进了两种技术的发展：数据范式（把物理世界的现象描述为具有一定格式的数字形式）和数据存储（把不同范式的数据存储到物理介质中，并确保其能被可靠读写并使用）。美国的《无尽前沿法案》将数据范式和数据存储确定为影响其国运的十大关键科学技术之一，可见其重要性。

距离产生变数，那是因为信号失真。为了保真，人们发展出数据通信技术和数据存储技术。数据通信技术（无论是有线技术还是无线技术）解决的是如何让信息在空间中无失真地传播的问题。数据存储技术解决的是如何在时间维度上无失真地传播信息的问题。存储介质最大的天敌是时间，背后的根因是存储介质不可靠。例如，如果将U盘闲置，由于电荷泄漏，7年以后逐渐开始出现坏盘；计算机中的硬盘3年以后逐步开始出现磁道坏簇。今天，我们通过算法、硬件冗余和持续维护等手段来确保存储介质中的信息被永久、完整保存，这就是当今数据存储产品的基本功能。

在数字经济日益兴盛的今天，越来越多的数据被记录、被处理，也因此产生了新的数据……大数据的出现，让我们开始隐约感觉到其背后的神奇力量！AI 的诞生则让我们更直观地感受到这种神奇。

◎ AI促进数据觉醒时代的到来

大模型的出现是 AI 的一次巨大飞跃。通过结合高效能的图形处理单元（Graphics Processing Unit，GPU）和大模型算法，现代 AI 系统能够在很短的时间内学习并掌握语料库里面的知识内容，赋予机器前所未有的学习能力和知识广度。人类的传统教育需要花近 20 年时间培养一个专业学者，现在大模型机器学习只需要几天就可以让机器掌握与专业学者同等水平的专业知识，使其成为一个全新的"机器专家"。机器学习效率的提升，让人类对文明进化的加速产生了期待，也对"机器文明"产生了一丝隐隐的恐惧！

但是，别忘了，数字化的语料库是机器学习的基础。缺数据无AI！这是一个数据觉醒时代：封存在磁带库中的冷数据开始"醒来"，机器需要读取这些冷数据以理解历史、归纳经验，进而产生知识。冷数据能够被随时调用，从而变成温数据。

数据不再被随意抛弃，保存时间也变得更长，因为数据的长期价值开始被人类所关注。例如，冷冻电镜的数据、数字病理切片的数据，保存时间都被要求延长几十倍。这有助于挖掘疾病背后的秘密和解决人类健康的谜题。

数据安全和隐私保护变得前所未有的重要。数据泄露、机器训练和推理都会使人类像在公共场所裸奔一样。因此，人类对于选择存储数据的地点变得更加谨慎。而对于数据是否保存到公有云这个问题，似乎也更加容易抉择。

我们需要数字孪生世界，让机器帮助我们在数字孪生世界里面学习、工作，然后把结果应用到物理世界。人类以上帝视角审视这个数字孪生世界，既满足了人类对永生的渴望，或许在某种程度上还消除了人类与生俱来的孤独感。

数据范式可以解决物理世界的数字表述问题，即孪生表达问题。但是数据存储在哪里呢？数据太多了！一个人的全部基因组需要约 3 GB 数据；一个猴脑的细胞及其对应基因的全信息需要约 300 TB 数据。今天，我们最便宜的数据存储设备的价格大约是 500 元人民币 /TB，这还不包括电费。数字孪生，需要解决如何使数据存得下、存得起的问题！

让我们的目光回到发明造纸术的中国东汉时期，我们的祖先发明了便于知识记录与传播的纸张。而在 AI 时代，数据觉醒、信息存储的挑战再一次出现在人类面前，存储亟待一场技术革命。人类有更加好用的"纸张"，这样才能驾驭数据！

数据觉醒呼唤新时代的"造纸人"！加油吧，人类！

周跃峰
华为数据存储产品线总裁

目 录

03\ 第3章

建设指标体系，保障先进数据存力高质量发展

04\ 第 4 章

先进数据存力发展趋势

05\ 第 5 章

行动倡议：大力发展先进数据存力，构筑数智时代新质生产力

第 1 章

什么是先进数据存力

1.1 数据、信息、知识和智慧

虽然人类已在地球上生存了几十万年，但人类文明之花却在信息开始被记录的那一刻才绽放。最初，人们通过岩刻壁画、结绳记事等方式来记录信息，如发生的事情或经历的事件；后来，人们利用龟甲、兽骨、竹简、缣帛、羊皮、纸张等记录信息；再后来，磁盘、光盘、固态盘（Solid State Disk，SSD）、存储阵列等被用于记录人们的生产生活，成为新型记录载体。

信息被记录并不断积累；人类整理和学习累积的信息，形成知识并进一步凝练出智慧。正是依靠从这些长期累积的信息中总结和凝练出来的知识和智慧，人类才能不断改进对物理世界的改造方式、坚持自我反省和自我提升，推动人类文明的持续发展和进步。

早期，人们在岩壁上作画、在龟甲上刻字，记录、传播和处理信息的效率极为低下；随着造纸术、活字印刷术等技术的出现和普及，记录和传播信息的效率显著提升，推动了人类文明的加速发展；20 世纪 40 年代，计算机的出现使信息可转换为数字化格式，记录、传播和处理信息的效率突破了人力极限，达到了前所未有的高度，极大地推动了人类文明的发展。

数据是数字化格式的信息。相较于岩刻壁画、龟甲刻字、纸张誊写等记录方式，现代的数据处理效率大幅提升，成为推动人类文明高速发展的关键基石。

信息是人类对所处世界的描述、表达和展现，人们可以通过观察、实验、交流等渠道获取信息。信息的载体包括文字、图片、音频、视频、数据库等。不论信息被记录在大脑里，还是被记录在可长期留存的介质上，唯有被记录下来，才能真正发挥效用。

知识是人类对物理世界客观规律的思考和总结。人类通过学习和实践产生经验、通过经验洞察规律，逐步构建出包括概念、公理、原理、定律、技巧等在内的认知体系。

智慧则是在更高的层面对知识的凝练，为个体、族群甚至全人类在混沌中指明方向。

信息是知识和智慧的基础，信息的记录体量与存取效率决定了知识和智慧所能达到的高度。

数据作为信息的数字化形态，让信息得以被方便、快捷地保存、访问，以及长期、大规模地留存。数字化——让一切都成为数据并被记录，是信息的高效底层支撑。如今我们可以说，数据体量和数据存取效率，将决定人类知识和智慧所能达到的新高度。

1.2　数据存储的发展

数据存储是数据的容器，是数据得以随需存取、长期留存的载体。数据是数字化格式的信息，数据存储则是以数字化格式存储信息的容器和载体。数据存储包含两个关键要素：其一是数字化格式，也就是存放于其中的是数字信号而非模拟信号；其二是存储介质，也就是将数据长期留存的介质。

在数据存储出现以前，人们采用不同的载体，如书籍、画作、唱片和胶卷等，如图 1-1 所示，将文字、图片、音频、视频等多种信息记录并留存。我们将这些可以长期留存信息的媒介统称为存储介质。相较于数据存储，这些传统的信息存储介质都是采用模拟信号来记录信息的。

| 书籍 | 画作 | 唱片 | 胶卷 |

图1-1　书籍、画作、唱片和胶卷

数据存储这种数字化格式的存储介质是 300 余年来多位数学家、物理学家、电气工程师的努力结果。

· 1703 年，戈特弗里德·威廉·莱布尼茨（Gottfried Wilhelm Leibniz）发表论文，探讨只使用 0 和 1 的二进制系统，为这一计数体系的发展奠定了基础。

· 1847 年，乔治·布尔（George Boole）提出布尔代数（也被称为逻辑代数），这在后来成为数字电路设计的基础。

· 1890 年，赫尔曼·霍勒里斯（Herman Hollerith）发明了打孔卡制表机，用于收集并统计人口普查数据。打孔卡制表机使用的穿孔纸带成为早期向计算机输入信息的载体，其中打孔表示 1，无孔表示 0，从而可以将程序和数据转换为二进制数据。实际上，穿孔纸带就是最早的数据存储，它将数字化格式的信息与存储介质结合，成为初代数字电子计算机的存储介质，为后续更加先进的数据存储技术奠定了基础。

· 1937 年，克劳德·埃尔伍德·香农（Claude Elwood Shannon）首次使用继电器和开关实现了布尔代数和二进制算术运算。这具有划时代的意义，并为数字电子计算机的出现奠定了坚实基础。如果没有数字电子计算机这种高效数据处理设备，对数据存储的容量、性能的要求就不会出现指数级增长，数据存储就可能停留在穿孔纸带。

·1940年，乔治·罗伯特·施蒂比茨（George Robert Stibitz）使用440个继电器制作了计算机M-1，用于完成工作中大量的加、减、乘、除运算，推动了二进制数字计算机时代的到来。

·1942年，约翰·文森特·阿塔纳索夫（John Vincent Atanasoff）和他的学生克利福德·爱德华·贝里（Clifford Edward Berry）发明了阿塔纳索夫－贝里计算机（Atanasoff-Berry Computer，ABC）。ABC使用电子元件和二进制进行计算，并使用穿孔纸带作为外部数据存储，是世界上第一台数字电子计算机。ABC最大的问题在于不可编程：如果需要改变ABC的功能，就只能将其拆开并重组电路。

·1952年，约翰·莫奇利（John Mauchly）和普雷斯波·埃克特（Presper Eckert）基于冯·诺依曼体系结构，建造了离散变量自动电子计算机（Electronic Discrete Variable Automatic Computer，EDVAC），这是第一台真正的通用数字电子计算机：它由运算器、控制器、存储器、输入装置和输出装置这5个基本部分组成，采用二进制将程序和数据保存在存储介质中，实现了可编程。这种体系结构一直沿用至今，我们现在使用的计算机基本都是基于冯·诺依曼体系结构设计的。EDVAC与ABC一样，都使用穿孔纸带作为外部数据存储。

基于冯·诺依曼体系结构的EDVAC，在通用数字电子计算机领域明确了将数据处理和数据存储解耦，这奠定了现代计算机和数据中心存算分离架构的基础。

不过，EDVAC依然采用穿孔纸带作为外部数据存储，在数字电子计算机处理能力不断提升的背景下，穿孔纸带这样的存储介质必然会被更加先进的介质所替代。

·时间来到 1956 年，IBM 制造出世界上第一块硬盘 350 RAMAC，如图 1-2 所示。IBM 350 RAMAC 拥有 50 块直径为 24 英寸（1 英寸 ≈ 25.4 毫米）的盘片，存储容量达到 5 MB，体积则相当于两个冰箱，质量更是高达 1 吨，它的每块盘片均涂有磁浆。

图1-2　世界上第一块硬盘——IBM 350 RAMAC

使用磁性存储介质来长期存储数据标志着存储介质开始抛弃穿孔纸带，步入硬盘驱动器（Hard Disk Drive，HDD）时代。随着人们对存储容量需求的不断扩大，直连附接存储（Direct Attached Storage，DAS）应运而生。DAS 将多块 HDD 集中放置于同一个机框内，为计算机提供大容量存储空间。

·1988 年，戴维·帕特森（David Patterson）、加思·吉布森（Garth Gibson）、兰迪·卡茨（Randy Katz）在一篇论文中首次提出了独立磁盘冗余阵列（Redundant Arrays of Independent Disks，RAID）概念。RAID 将多个独立的磁盘进行有机组合，而不是简单的容量叠加，从而获得大容量、高性能、高可靠的数据存储空间。RAID 概念的提出，让数据存储不再只是考虑存储容量，而是扩展到了高性能和高可靠，让数据存储真正成为一个独立的产业，开启了存储区域网（Storage Area Network，SAN）存储和网络附接存储（Network Attached Storage，NAS）的全球市场。

目前，主流的存储介质分为磁、光、电 3 类。磁性存储介质主要是前面提到的 HDD 及磁带等；常见的光学存储介质是光盘，包括小型光碟（Compact Disc，CD）、数字通用光碟（Digital Versatile Disc，DVD）、蓝光光盘（Blue ray Disc，BD）等；常见的电子存储介质（也被称为半导体存储介质）有电擦除可编程只读存储器（Electrically-Erasable Programmable Read-Only Memory，EEPROM）、SSD 等，如图 1-3 所示。

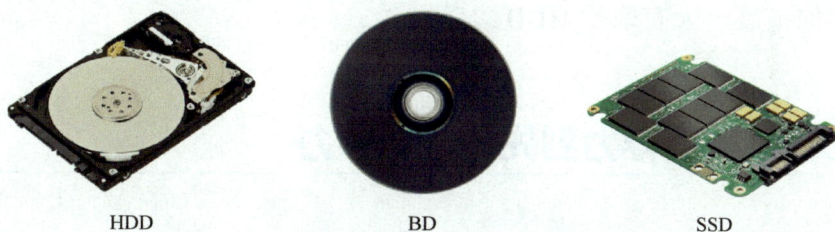

HDD   BD   SSD

图1-3 HDD、BD和SSD

磁性存储技术利用磁场和物理介质的磁化状态来记录数据。记录时，电流通过导体在磁芯中产生磁通量，经缝隙散发而穿透磁介质使存储单元磁化，进而被编码成数位1或0。读取过程与此相反，由磁头在磁介质上检测存储单元因磁跃迁产生的磁通量变化，从而获取数位信息。目前，以 HDD 为主的磁介质因技术成熟、成本较低，占据了绝大部分温存储市场，是视频监控等领域使用的主要存储介质。

光学存储技术采用激光照射介质，使存储单元的性状发生变化来记录信息。读取时，通过激光扫描介质，识别出存储单元性状的变化，从而将信息读出。该技术的主要优点是存储时间长、单位存储成本低；主要缺点是存储密度和速率等方面存在一定瓶颈，且较易因摩擦等外部作用而损坏。目前，业界普遍认为光介质适用于归档数据的长期留存。

电介质主要通过修改浮栅金属–氧化物–半导体场效应晶体管（Floating Gate Metal-Oxide-Semiconductor Field Effect Transistor, MOSFET）浮栅中的电荷量来表示数据。目前，基于闪存（Flash Memory）存储颗粒的 SSD 发展迅猛，因其具备高性能、低故障率、绿色节能等优势，已经成为主存储器的主要存储介质。近几年，SSD 的单盘容量快速增长，15 TB、32 TB 容量已经成为主流，64 TB 容量已经开始商用，128 TB、256 TB 容量预计在 2025 年到 2026 年陆续商用，而 HDD 的容量目前还处在 30 ~ 40 TB。从业界来看，SSD 正逐渐向温存储扩展，大有取代 HDD 之势。

1.3 从数据存力到先进数据存力

1.3.1 人类的发展史，就是对世界的改造史

人类社会不断发展，每一次新技术带来的生产力跃升，都引领人类迈入新的时代：生产工具类型的丰富和多样化，促使人类从石器时代进入农业时代；蒸汽机、电气化设备的出现，推动人类进入工业时代；而数字化和智能化，又将引领人类至数智时代。

相比以往的时代，数智时代最大的不同在于，它创造了一个数字世界。以往的每一个时代，人们都是利用不断提升的生产力，直接改造物理世界，推动物理世界的不断发展。而在数智时代，人们以数字

化的方式处理信息，实际上创造了一个全新的数字世界。人们利用数字世界来更高效地改造物理世界。很多以前在物理世界中难以实现或很难直接完成的任务，如求解复杂的数学方程、精准预报天气、实时金融交易等，在数字世界的助力下，皆有可能实现或完成。

在数智时代，人类对物理世界的改造包括两个阶段：首先在数字世界进行模拟改造，然后在物理世界进行实际改造。在人类社会的各种活动中，这样的案例屡见不鲜。例如，在石油勘探场景中，通过对海量数据的分析，人们可以快速且精准地找到丰富的油藏；在电力输送场景中，借助对大规模电网数据的处理，人们可以对发电厂工作负荷进行实时管控、对电网输配电进行合理调度，避免出现供电故障或电力浪费。

数据作为物理世界到数字世界的投影，是连接两个世界的桥梁。当数据规模越大、质量越高时，投影就越清晰，进而使得模拟改造更加精确，最终促使实际改造取得成功。

1.3.2　数字化和智能化"聚变"，带来数据规模暴增和数据价值攀升

数字世界是数字化和智能化的，其中数字化是数字世界的基础，而智能化是数字化的升级。

数字化过程将人类社会产生的信息以数字化格式进行存储、传播，加速了信息的处理速度，并积累了海量的数据供智能化过程学习和训练，从而加速了从信息到知识的转换，促进了 AI 的诞生；而 AI 反哺千行百业，进一步推动了各行各业的数字化进程，深化了数字化的实际应用，这又促进了数据量的持续、快速增长，为智能化提供了更大规模的高质量数据，助力智能化的进一步升级。

数据作为连接数字化和智能化的纽带，加速并促进了数字化和智

能化的融合发展。在此过程中，数字化和智能化的边界逐渐模糊，最终融合为数智化。在这个融合过程中，数据规模因数字化的普及和广泛深入而爆炸式增长，数据价值因智能化的持续创新和发展而攀升，进而释放出巨大的能量，推动生产力的飞跃。

1.3.3　先进数据存力释放数字生产力

数据基础设施作为数字世界的物理载体，支撑着数字世界的运行。随着数据规模和数据价值的快速增长，数字世界对先进数据存力的需求日益迫切。

数据存储能力简称数据存力，是指以存储容量为核心，涵盖性能表现、可靠性、绿色低碳的综合能力。

先进数据存力，即在数据基础设施的基础上，针对数智时代快速增长的数据规模、数据处理、数据管理等方面的需求，所提供的立足当下、着眼未来的数据存力。先进数据存力以存储容量为核心，涵盖极致性能、超强韧性、持续发展、灵活扩展、精简范式、便捷管理6个关键要素。

数据存力向先进数据存力的演进如图1-4所示，6个关键要素具体介绍如下。

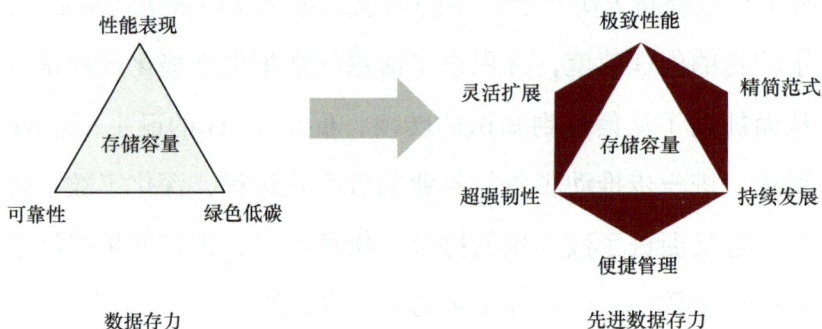

图1-4　数据存力向先进数据存力的演进

（1）极致性能

不论是数字化，还是智能化，都需要不断增强数据处理能力、提高数据访问性能，从而不断提高数字化业务的处理效率、提升大模型训练的算力可用度和推理吞吐量。在数智时代，亿级每秒输入输出操作次数（Input/Output Operations Per Second，IOPS）、百 TB 级带宽，是数据基础设施需要满足的性能需求。

（2）超强韧性

过去，人们对数据安全的主要关注点是容灾和备份。今天，随着智能化应用的不断普及，勒索软件攻击的门槛越来越低、攻击频率越来越高。据预测，到 2030 年，勒索软件攻击的频率将达到平均每 2 s 一次，而目前这一频率大约为每 11 s 一次。因此，数据拥有者必须开始考虑数据容灾、备份、防勒索等全面的数据保护，以构建强大的数据韧性，而不能等损失数据后才采取补救措施。

（3）持续发展

数据作为企业最有价值的资产之一，生命周期在不断延长。热数据在更长的生命周期内处于频繁被访问的状态，而冷数据也会转变为温数据，以做好随时被访问的准备。对数据基础设施而言，持续发展已经成为关键需求。一方面，绿色节能与高密度小型化设计成为普遍需求；另一方面，业务连续性也是实现持续发展的关键一环。

（4）灵活扩展

根据相关分析和预测，全球数据量平均每两年增长一倍，到 2030 年，人类将迈入 YB（尧字节）时代。数智时代的先进数据存力，需要同时满足数字化和智能化发展对存储不断增长的容量扩展需求，而 EB（艾字节）级容量在线扩展将成为基本需求。

（5）精简范式

回顾数据基础设施的发展历程，可以看到数据范式从最初基于块的结构化数据，发展为基于文件的非结构化数据，再发展为基于对象的海量数据。每一种数据范式的出现，都是对上层业务需求变化的响应。在智能化推动数字化的背景下，检索增强生成（Retrieval-Augmented Generation，RAG）向量数据范式、多层键值缓存（Key-Value Cache，KV Cache）长记忆内存数据范式等新型数据范式不断出现，以匹配数智时代业务的发展。立足当下、着眼未来，先进数据存力必须支持新兴应用催生的精简数据范式。

（6）便捷管理

在数智时代，数据已经成为企业的核心资产，并成为继土地、劳动力、资本和技术之后的第五大生产要素。与此同时，企业内部的海量数据多分散存储在多个跨域数据中心中，难以进行统一的管理与利用。因此，数据基础设施需要具备对跨域海量数据的便捷管理能力，例如通过全局文件系统实现跨域海量数据的可视化管理，使数据能够按图索骥、按需流动，从而提升数据的使用效率和价值。

综上所述，先进数据存力是数据存储的价值体现，是数字生产力高速发展的引擎。在数智时代，先进数据存力不是可选项、优选项，而是必选项。通过建设先进数据存力，可有效加速数字化和智能化的融合，为数智转型注入动力，帮助企业快速迈向智能世界。

1.4 发展先进数据存力的意义

先进数据存力以存储容量为中心，围绕 6 个关键要素持续发展。

先进数据存力分为 3 个层级：区域发展层、数据中心层、存储设备层。顾名思义，区域发展层由各级政府或者职能部门在宏观层面的建设方向牵引；数据中心层是企业在宏观层面的建设方向牵引下，根据自身实际需求进行先进数据存力的建设；存储设备层则细化到具体的设备选型和详细配置。这 3 个层级相互支撑、相互配合，共同构建先进数据存力，为企业发展、社会进步提供坚实基础。

发展先进数据存力具有现实意义。例如，贵州主枢纽数据中心暨存力中心（简称贵安存力中心）通过构建先进数据存力，加速数据要素价值释放；中国移动智算中心通过打造面向 AI 的先进数据存力，加快形成新质生产力。

1.4.1　贵安存力中心：加速数据要素价值释放

贵安新区产业发展控股集团有限公司（简称贵安产控集团）是贵安新区唯一的国有控股产业类商业发展集团，业务分为投资、建设、运营和数字经济四大板块。在国家"东数西算"战略的指引下，贵安产控集团通过建设全国一体化算力网络国家（贵州）主枢纽中心国产智算中心项目，打造了一个面向全国，集智算、超算、通算于一体的复合型算力保障基地，该项目在推动贵州算力产业发展的同时，也为全国算力布局优化和数字经济高质量发展树立了典范。

1. 从"重算轻存"到"存算并举、数算一体"

随着数据全链服务及数据资产运营等业务的深入发展，该项目的建设和运营面临着行业共性难题。首先，因为数据存储成本高，大量有价值的数据未被保存，存算比严重不匹配，有算力但缺数据；其次，先进存储占比低，导致算力效能低下，数据要素价值难以释放；最后，面对日益严峻的勒索软件攻击态势，数据缺乏备份归档建设，安全风险高。

贵安产控集团创新性提出从"重算轻存"到"存算并举、数算一体"转变的发展模式，携手华为、鸿翼建设了全国首个存力中心。存力中心基于数据要素价值释放的业务逻辑，提供从数据汇聚、治理、开发到流通的全生命周期服务能力，面向千行百业提供数据可信托管服务，汇聚全国海量数据资源，面向数据交易、大模型训练持续供给高质量数据，促进数据的复用增值和价值释放。

2. 促进数据要素产业引流与发展

贵安产控集团采用华为分布式缓存服务（Distributed Cache Service，DCS）全栈解决方案、OceanStor Pacific 分布式存储和 OceanProtect 数据保护打造先进存力中心——贵安存力中心，以提供强大的数据存储和处理能力。贵安存力中心架构如图 1-5 所示。

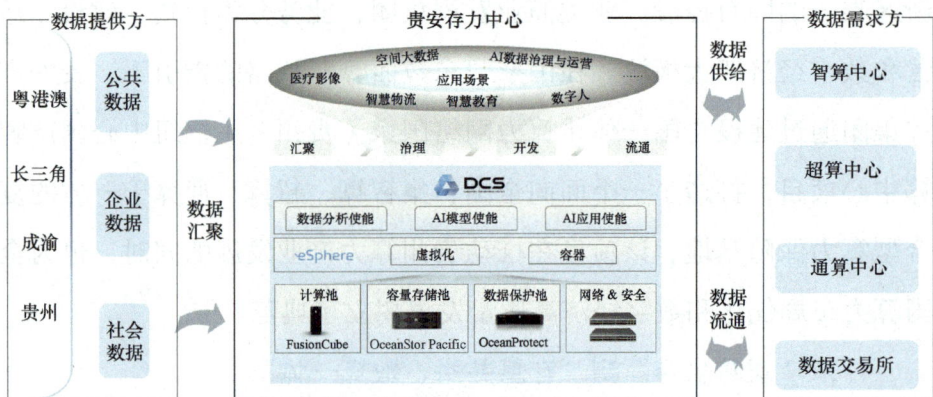

图1-5　贵安存力中心架构

贵安存力中心的存储特点如下。

存得下：建设了 50 PB 非结构化数据资源池，相比业界主流方案，建设成本降低了 30%，并具备 EB 级平滑演进能力。

用得好：提供 TB/s 级带宽访问能力，可以满足不同应用场景性能诉求，通过多协议互通，面向政企用户提供多样化数据一站式服务。

保安全：通过存储内生的安全技术，端到端消除数据安全隐患、预防合规风险，满足数据可信托管要求。

贵安存力中心通过低成本存储海量数据，高效释放存储效能，推动 AI 新质生产力的发展，加速数据要素价值释放。以贵安存力中心为载体，贵安产控集团引入了 AI 数据治理与运营、数字人、智慧教育、智慧物流等九大应用场景，吸引了全国超过 100 个政企用户，为数据驱动、算力赋能的全新时代的到来奠定了坚实的基础。

1.4.2 中国移动智算中心：加快形成新质生产力

中国移动紧跟数字经济国家战略，始终致力于推进算力网络发展，将智算建设融入算力网络"4 + N + 31 + X"体系，把握数字化、网络化、智能化趋势，利用自身资源和能力优势，全面发力"两个新型"建设：构建新型信息基础设施和新型信息服务体系。打造以算力为中心、网络为根基、智能为引擎，多种 IT 深度融合、提供一体化服务的算力网络，对内满足九天 AI 平台的训练需求，对外为各行业提供一站式智能计算服务，加快形成新质生产力。

1. 大模型技术演进面临哪些关键挑战

大模型技术正在快速向更大规模、更强能力发展，其总体发展趋势仍然遵循 Scaling Law（规模化法则，也被称为大模型的尺度定律），参数已突破万亿甚至十万亿规模，技术应用从单模态向多模态转变。大算力仍然是大模型创新落地的关键，OpenAI、字节跳动、中国移动、Meta 等国内外大型科技公司正积极投建万卡 / 超万卡集群智算中心，建设一批万卡 / 超万卡集群成为新型基础设施建设的"硬核景观"。但是随着大模型规模越来越大，尤其是万卡集群处理海量非结构化数据时，传统存储系统在高吞吐性能、多协议处理、数据管理效率等多方面面临挑战。

高吞吐性能：万卡 / 超万卡集群智算中心项目是全球运营商单集群规模最大、国产化网络设备组网规模最大、国内智能融合分级存储规模最大的项目，面对万亿级参数大模型至少需要 10 TB/s 的吞吐量，而传统存储系统难以满足这一要求。

多协议处理：数据从归集到处理再到训练，涉及对象存储和文件存储之间的频繁转换，这对传统存储系统也是一个巨大挑战。

数据管理效率：随着数据的动态变化，热数据与冷数据需要按需流动，传统存储系统主要依赖人工干预，效率较低。

2. 中国移动智算中心超大规模集群 AI 存储解决方案应运而生

超大规模集群 AI 存储是国之重器，也是千行百业发展新质生产力的基石，对数字经济高质量发展具有重要意义。中国移动联合华为打造自主创新的 AI 智算中心数据基础底座，抓住 AI 发展新机遇。

中国移动智算中心架构（见图 1-6）具备兼容性好、EB 级容量扩展、超高性能等特点，为客户带来如下价值。

高性能、数据强一致的存储大集群能力：在多节点并发场景下，高速并行文件系统分布式并行客户端（Distributed Parallel Client，DPC）OceanStor A800 可提供 TB 级带宽，性能是 Lustre 的 2 倍，使 AI 集群算力可用度提升 10% 以上，提升大模型训推效率。

无损多协议互通，数据访问透明：打破数据孤岛，实现数据零复制，为客户数据中心提供统一 AI 存储底座，实现 AI 各阶段协同业务的无缝对接，达到零等待的效果；兼容性好，节省客户选型和调优时间。

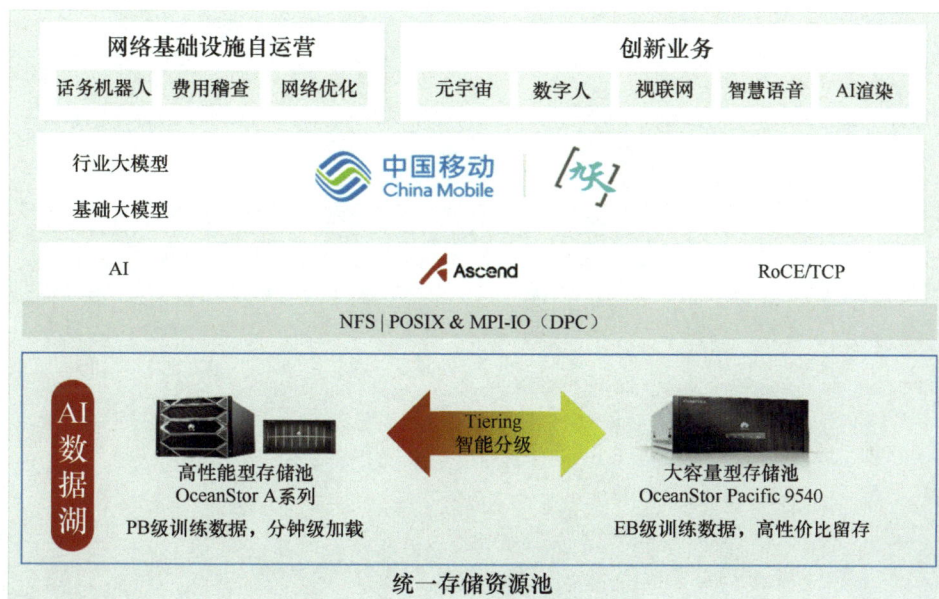

图1-6　中国移动智算中心架构

统一数据湖管理，数据按需流动： OceanStor AI 存储最大支持 4096 个节点横向扩展，实现从 PB 级到 EB 级的容量扩展，满足大模型平滑演进需求；可支持冷热数据自动分级，灵活设置策略，性能层和容量层配合，兼顾 AI 场景的高性能、大容量存储诉求，最大化存储价值。

依托华为"分布式并行客户端、无损多协议互通，冷热数据自动分级"的高性能 AI 存储系统，中国移动大幅提升大模型训练效率，打造高吞吐性能、冷热数据自动分级的先进 AI 存储底座，支撑千亿 / 万亿级参数规模的大模型的高效训练。华为和中国移动共同推进了国产智算设施的又一次跨越式发展。

2

第 2 章

**先进数据存力是
加速智能经济发
展的高性能引擎**

2.1 先进数据存力蓝图

信息革命开辟了数字化新纪元，在数字化的基础上，AI 技术的出现促进了时代变迁，使人类进入了数智时代，智能化将加速数据要素市场的规模化发展、推动社会进步与经济增长，让千行百业实现生产力的跃迁。在数智时代，先进数据存力是数据发展的基础，在数据采集、处理、训练、推理、归档等环节中扮演着高性能引擎的角色。

2.1.1 数智时代远景展望

回顾历史，3 次工业革命给人类带来了影响深远的变革。第一次工业革命（人类由此进入蒸汽时代），机械化生产提高了生产力；第二次工业革命（人类由此进入电气时代），电力的广泛应用提高了生产力。前两次工业革命以物质生产为核心，带来了物理世界的生产力跃迁。第三次工业革命带来的数字时代则构建了一个数字世界，丰富了物理世界。展望未来，人类将从数字时代迈入数智时代，数字世界将与物理世界深度融合。全社会将由点及面地推进数实融合进程，使数字技术与实体经济深度融合，智能的数字孪生世界将应运而生。同时，这也意味着数字经济的新阶段——智能经济应运而生。智能经济在吸取数字经济发展的优秀经验的同时，将兼顾社会发展的更多需求。6G、AI 生成内容（Artificial Intelligence Generated Content，AIGC）等下一代技术的无缝融合，将驱动孤立、分散运作的单点智能模式向多智能系统联动的新模式发展，从而使能智能经济并通过创新

型智能解决方案提高生产力、提升社会福祉和改善环境效益，促进数
实融合产业的发展，带动新一轮的经济高速增长。4 次工业革命对人
类文明的影响概览如图 2–1 所示。

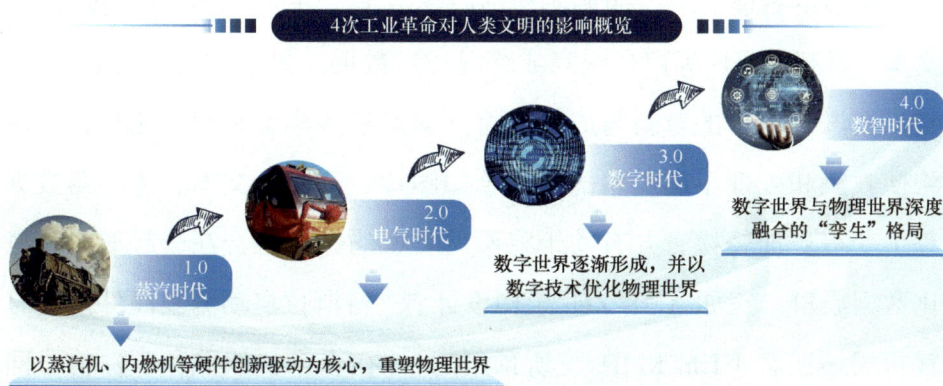

图2-1　4次工业革命对人类文明的影响概览

对于数智时代，我们认为它具有 3 个新特征。一是数据、能源与
技术的重要性得到提升，并升级为数智时代三大核心生产要素，将促
进通用智能体（能够实现"智能涌现"的超级 AI 应用）的出现；二是
通用智能体的出现将端到端重塑企业数据治理范式，加速数据要素市
场规模化发展；三是通用智能体的出现成为数智时代千行百业实现生
产力跃迁的核心驱动力，并能丰富人类精神文明。

**特征一：数据、能源与技术的重要性得到提升，并升级为数智时
代三大核心生产要素，将促进通用智能体的出现**

首先，数智时代的数据量与数据形态的复杂度都在持续增长，非
结构化数据的快速增加与多模态技术带来的数据张量化成为重要趋势。
具体而言，一方面，数据量正在迅猛增长，我们预计到 2030 年，全
球产生的数据量将达到 YB 级，且数据的产生场景将呈现"云边端泛
在化"趋势。在"云"侧，多行业、多类型的数据需要强协同、强流

动，使更多数据得以发挥价值；在"边"侧，城市治理使用的视频监控、工厂内高清质检摄像头每年产生的图片与视频等的数据量，有望达到 ZB（泽字节）级；在"端"侧，手机、PC 与智能网联电动汽车等千亿量级的智能终端，源源不断地收集数据，并向"云"侧上传音频、文本、视频、图片等用户交互或路况导航数据。另一方面，数据语义、知识图谱等技术的革新与成熟，将推动海量多模态数据加速整合。这将使收集和处理不同类型的数据（如图片、音频、文本、传感器数据等）变得更加轻松，并有助于将不同类型的数据整合在一起形成张量化数据集群。正如 AMD Zen 架构设计者、特斯拉自动驾驶硬件前副总裁吉姆·凯勒（Jim Keller）所预测的，"在未来，软件和硬件将协同进化，向量计算转向张量计算，推动 AI 技术的进一步发展"。海量多模态数据将成为企业在数智时代提升自身竞争力、降低成本、提高效率的核心生产要素。

其次，通用智能体的出现依赖太瓦时（TW·h）量级的庞大能源，这是支撑大模型等 AI 原生应用运行的基石。根据美国能源信息署的数据，2023 年谷歌和微软的用电量均达到 24 TW·h，相当于阿塞拜疆全国一年的用电量，也超过了全球多个国家，如冰岛、加纳、突尼斯等国家一年的用电量。在可预见的未来，AI 每年所消耗的电能将呈现持续上升的趋势。展望数智时代，满足 TW·h 级能耗需求将成为实现智能经济的基础。

最后，以 ICT（如 6G、先进数据存力等）为核心的数字使能技术，也将有效加速多元异构数据的规整与汇聚，从而加速通用智能体的出现。无论数据以向量（Vector）还是张量的形式存在，也无论未来数据量有多庞大，海量数据都需要进行汇聚、高效计算、安全可靠存储与有序流通，这样才有可能实现通用智能体的出现。

特征二：通用智能体的出现将端到端重塑企业数据治理范式，加速数据要素市场规模化发展

首先，通用智能体会在企业内端到端重塑当前"采集—汇聚—治理—分发—保障"的数据治理范式。在数据采集阶段，通用智能体不仅基于既定规则采集数据，还会主动从"云"侧、"边"侧、"端"侧等场景采集多元化数据，以供其自身主动学习。海量多模态数据将作为"养料"，持续提升通用智能体的通用性。在数据汇聚阶段，源自不同种类、形式、产生场景的海量高价值多模态数据将"奔腾入海"，最终汇聚于数据中心。根据国际数据公司（International Data Corporation，IDC）2023 年发布的报告，全球产生的数据源自数据中心的占比已超38%，预计到 2030 年这项数据可达 50% 以上。在数据治理阶段，随着海量数据的产生，以及创新型数据治理范式，如数据编织（Data Fabric）等的出现，在千行百业的成熟应用中，通用智能体将成为重塑数据治理范式的重要参与者。除了能够自动完成数据清洗、校验以确保数据质量，通用智能体还可以根据业务需求、数据安全敏感性等对数据的整个生命周期进行管理。此外，它还能够对数据进行热、温、冷分级，提供实时建议。这使得企业可以实现对数据的高效治理，利用"硅基智能"使能"碳基决策"，确保决策的精准性与高效性。在数据分发阶段，通用智能体将深化对数据要素价值的挖掘，企业内的大部分数据将被更频繁地访问和复制，更多的数据将被"消费"。当前，全球所有生成的数据（Data Generated）中，超过 90% 是将组织内现有数据进行复制或备份产生的数据（Data Replicated），而非新生成并被收集的数据（Data Created）。随着通用智能体持续挖掘数据要素的

价值，它将在实现企业数据全局可视、可管的基础上，主动为用户推送数据、提升数据分析效率与数据分析的智能化程度，实现从"人找数据"到"数据找人"的转变，进而推动企业内热数据与温数据占比的持续提升。在数据保障阶段，通用智能体将扮演重要角色，确保数据的安全性和隐私保护。通用智能体不仅能够实时监控数据访问和使用情况，识别异常行为，还能够根据企业的安全策略自动执行数据加密、备份和恢复操作。同时，通用智能体还可以根据不断变化的安全威胁和法律法规要求，动态调整安全策略，以确保企业数据始终处于最佳保护状态。

其次，随着硅基智能体的蓬勃发展及其与企业间通用智能体的交互的日益频繁，以企业间数据交换及数据服务为核心的数据要素产业将加速发展。2016 年，19 岁的美籍华裔少年亚历山大·王（Alexander Wang）与麻省理工学院的同窗露西·郭（Lucy Guo）创办了 Scale AI，该公司专注于利用 AI 和机器学习技术，提供高质量的数据标注服务，以帮助企业加速 AI 和机器学习模型的开发、训练和部署。经过短短 8 年的时间，Scale AI 就成长为硅谷的"明日之星"，估值达 138 亿美元，包括 Meta、Uber、摩根大通在内的多个行业巨头均成为其客户。

在我国，政府是数据要素产业化发展的重要推动者。2019 年，数据要素市场在国家政策层面初次被提及，数据被正式确立为与土地、劳动力、资本、技术并列的生产要素。为了充分发挥数据作为新型生产要素的价值，加速数据在不同企业间的流转，进而推动经济社会的高质量发展和创新，我国政府采取了一系列举措。例如，国家数据局于 2023 年 10 月 25 日正式挂牌成立，旨在统筹推进数字中国、数字经济、数字社会规划和建设，协调推进数据基础制度建设（包括数据确权、流通、分配和治理等方面的制度建设），统筹数据资源整合共享和开发利用。

此外，如雨后春笋般出现并快速成长的数据交易所是我国数据要素市场的重要组成部分，截至 2024 年 3 月底，我国已有近 50 个数据交易所。通过建立场内交易机制压缩场外交易（Over-the-Counter）空间，确保数据要素合规且有效地流通。据有关方面消息，到 2024 年我国数据要素市场规模已达近 2000 亿元，数据资产市场总规模达 8.6 万亿元，带动相关产业数字化潜在收益 34.4 万亿元。如果叠加数据资产衍生市场，我国数据要素市场潜在总规模可能超过 60 万亿元。

特征三：通用智能体的出现成为数智时代千行百业实现生产力跃迁的核心驱动力，并能丰富人类精神文明

在数字化时代，AI 的应用主要依赖既定业务规则的算法，这需要开发者编写规则以实现智能，即所谓的"在代码层面上，有多少人工，就有多强的智能"。即使组织可以通过 DevOps 等管理方法实现敏捷开发，借助开源社区的"群策群力"快速构建软件版本，一个特定用例的智能化程度仍存在上限。尤其是在定制化需求和小规模数据集的 AI 解决方案中，人力资源的投入与智能化程度呈现出近乎线性的关系。即便是创新型 AI 应用，如中小型卷积神经网络（Convolutional Neural Network，CNN），也往往因为数据量与质量的局限性，难以实现"智能涌现"，这导致这些应用更多地聚集于特定行业、特定场景的特定应用，例如医疗影像的诊断识别。

未来，通用智能体将彻底改变这一现状。首先，通用智能体凭借其超强的技术集成能力（技术高集成化特征），能够将自身打造为"全能型选手"。例如，通过集成外挂行业知识库 RAG 工具等，通用智能体能够主动理解行业最新动态，为用户提供最精准、确切的行业信息。其次，通用智能体具备自适应发展特征，能实现"只要不断电就持续学习"。最后，通用智能体的智能化程度不会随着人力资源投入的减少而下降，反而能够随着环境和需求的变化自我调整优化，实现持续提升。它甚至能主动采集并利用新数据，丰富训练数据集，深化对环境的理解。例如，未来 AI 客服有望能根据与客户的互动，自主学习并优化应答方式。通过分析客户的反馈和情绪，AI 客服能不断调整话术和响应策略，从而提供更具个性化和更有效的服务，而不仅仅是基于规则进行简单的互动。通用智能体具备基于自然交互的精确执行特征，这使得它能胜任诸多复杂且涉及多个操作环节的工作，例如客户服务、运营商网络运维等。通用智能体将成为企业内员工的"硅基专家"，有能力胜任多个岗位的工作，从而推动企业生产力的显著提升。

我们以敏捷开发场景为例，对通用智能体对企业效能的提升进行分析和推测。首先，通过集成自然语言处理（Natural Language Processing，NLP）、静态代码分析工具、自动化测试工具，以及可视化等技术，通用智能体可以通过阅读产品文档充分理解产品架构的设计方案等。然后，通用智能体依据项目开发计划甘特图及项目的当前进度，在 Backlog 中寻找出相应的开发任务，并相对独立地完成各子系统 / 模块的开发。在编码过程中，通用智能体会主动学习过去未能提交到主干（Main Branch）的错误代码，以强化自适应纠错能力，确保编写的代码符合公司编码规范。当代码未能通过白盒测试与黑盒测试时，通用智能体能够自动进行 debug，寻找未通过原因并报告错误，同时吸取经验教训，并提交至质量管理系统进行备份。通过多次执行开发任务与持续迭代优化，通用智能体的编码表现将远超大多数"碳基员工"，成为实现新一代敏捷开发、与时俱进、革新 DevOps 的核心驱动力。

除了提升企业效能，通用智能体将凭借不断学习与进化的能力变得更为通用，从"单一应用程序"走向能与用户实时主动交互的智能体，成为企业打造自身品牌、优化用户体验的核心抓手。正如 OpenAI 的董事会主席、前 Facebook 首席技术官布雷特·泰勒（Bret Taylor）所预测的："在未来几年内，我将不会在各个保险公司的网页与 App 间反复切换，而是选择与通用智能体直接对话来为家人支付保费。随着大语言模型的出现，我认为与软件直接交流可能是最符合人体工学的软件交互方式，用户不再需要反复阅读产品使用说明书，这种交互方式将重塑品牌的数字体验。"

总的来说，通用智能体将凭借技术高集成化、自适应发展及基于自然交互的精确执行这三大特征，对千行百业各个形态的组织进行端到端重塑，进而大幅提升产品创新性、客户服务与关键业务运作效率，实现生产力的跃迁。

此外，通用智能体还可极大地丰富人类的精神文明。以 AI 赋能的元宇宙为例，它不仅是虚拟活动的延展，更是数字世界与物理世界深度融合的领域。在元宇宙中，数据的积累和运用成为推动文明进步的关键。随着数据量的增长，"数实融合"将更加彻底，元宇宙中的虚实交互也会更加精准，个性化体验也随之提升，可增强人们的沉浸感。这不仅颠覆了娱乐、学习和工作方式，也带来了文明形态的深刻变革。

未来，数据将成为文化和精神传承的重要载体，推动人类文明朝着数实融合的更高层次迈进。

2.1.2　先进数据存力构想

先进数据存力作为核心技术，是数智时代不可或缺的组成部分，从定位角度而言，它将持续扮演高性能引擎的角色，有力推动数据要素市场规模化发展，助力社会经济智能化转型。针对数智时代的三大核心展望，先进数据存力在数智时代的重要性如图 2-2 所示。

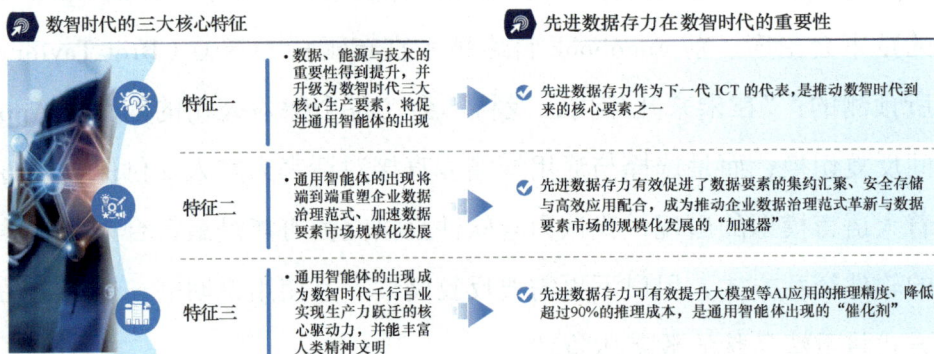

图2-2　先进数据存力在数智时代的重要性

我们认为先进数据存力有三大核心目标：一是实现集约化汇聚全域异构数据；二是实现安全、可靠、绿色的数据存储；三是成为高效使能多元化应用生态的基石。更进一步，基于这三大核心目标，我们认为先进数据存力应具备八大核心特征：全域泛在、性能跃迁、原生智能、集约架构、多级可靠、主动安全、绿色低碳与开放生态。

从使能场景看，先进数据存力有三大核心价值。一是牵引产业升级，先进数据存力不仅推动了数据存储产业链的发展，还在加速数据要素全产业链发展与产业数字化赋能方面发挥着关键作用。二是提升社会福祉，先进数据存力实现良政善治、改善环境、优化衣食住行等基本民生体验。三是推动区域发展，先进数据存力赋能 AI 等新质生产力，促进产业生态发展，提升全球各区域及国家的竞争力。

为了更有效地助力全球各区域、国家及各行业企业评估自身在先进数据存力建设上所处的发展阶段，为其建设先进数据存力的规划提供参考，我们提出了先进数据存力蓝图体系（见图 2-3）。该体系旨在协助全球各区域、国家的政策制定者与各行业企业管理层体系化地评估自身在先进数据存力领域的建设现状，并为适应智能经济提供先进数据存力的发展策略。

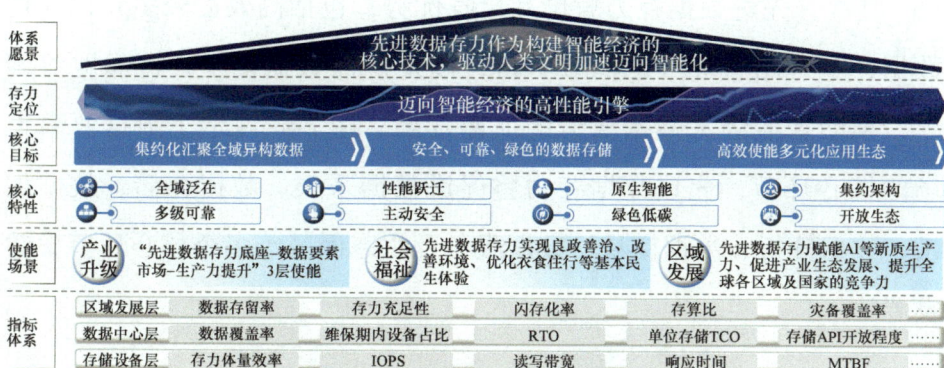

图2-3　先进数据存力蓝图体系

2.2　先进数据存力定位

先进数据存力是数智时代的重要组成部分与核心技术，可有力推动数据要素市场规模化发展，使能社会经济智能化转型。

2.2.1　数据有序流通的"加速器"

先进数据存力加速了数据要素市场的规模化发展。数据存储是数据要素市场的重要组成部分，也是数据要素的核心载体，它在市场中发挥着关键作用。先进数据存力将凭借集约化汇聚全域异构数据，安全、可靠、绿色的数据存储与高效使能多元化应用生态，协助数据要素市场的规模化发展，保障并牵引数据要素的有效流动。

首先，数据存储本身就是数据要素市场的重要环节，也是发展数据要素市场的基础。从功能定位看，数据存储是数据要素流通的先导环节，也是确保数据要素市场安全规模化发展的底座。如图2-4所示，以中国为例，据预测2025年中国数据要素市场规模可达2000多亿元，其中数据存储占比约20%，是数据要素市场的核心环节之一。

其次，先进数据存力凭借其自身优势，包括高效汇聚多元化异构数据、全链路各环节的高效备份，以及确保数据安全、可靠地流转等，推动智能经济数据要素的加速发展。图2-4展示了数据要素市场的核心环节，先进数据存力将促进数据采集、数据存储、数据加工、数据分析、数据交易、数据服务及生态保障等多个核心环节稳健发展。

数据要素市场的核心环节（以中国2023年的数据为例）				先进数据存力
要素化	数据采集	6%	·对不同类型的数据进行采集，包括内/外部数据采集、定制化数据采集等	
	★ 数据存储	22%	·对有价值的数据进行有效存储，以便进一步对数据进行加工和处理	高效汇聚海量数据
资产化	数据加工	20%	·对企业采集、存储的数据进行筛选和处理，如数据清洗、数据标注、数据审核以及数据融合处理等，提高数据可用性	可靠备份安全存储
	数据分析	21%	·最大化地开发数据的功能、发挥数据的作用，如进行企业内部经营分析、营销投放检测等	智能化分发促流通
流通化	数据交易	15%	·数据买卖双方就数据所有权进行交易，典型模式为数据交易所模式	
	数据服务	10%	·专业的数据服务机构（"数商"），对接数据卖方与数据买方，以报告、API、数字化解决方案等多元化形式提供数据服务	
	生态保障	6%	·主要包括数据资产评估、登记结算、交易撮合、争议仲裁及跨境流动监管等过程	

图2-4　数据要素市场的核心环节

第一，先进数据存力具备高效汇聚海量数据的能力，可以加速数据要素化进程。 在数据采集环节，先进数据存力通过兼容多协议降低了数据采集的难度，加速了数据要素化进程。源数据多元异构是各行各业在数据要素化进程中出现的必然特征，由于各行业的数据种类繁多、格式不一，这些来自"千江万河"的数据往往被存储在不同的存储设备中，给数据的流通与汇聚管理带来了极大的挑战，对数据要素化进程造成了影响。针对这一挑战，多协议兼容与集约化部署的先进数据存力方案，将显著加速工业数据的要素化进程。这使得多元异构的源数据可真正实现"千江万河汇聚入海"的效果，加速工业数据资产化的进程，并优化制造企业的资产负债表。

　　由于数据资产在流通环节体现的脆弱性，在数据要素市场的各个环节，都需要先进数据存力提供高效、可靠的备份能力，保障数据资产的全场景安全存储。随着全球数据要素市场的发展与数据交易所等中介的普及，数据在流转过程中至少需要经历 10 次备份，方可确保端到端的安全、可靠。首先，数据卖方需要进行原始数据的初次备份与交易前的完整备份，对于非数据加工或仅提供数据服务的公司，在原始数据的初次备份与交易前的完整备份之间，通常还需要进行若干次组织内的存储与备份，供组织内部"消费"。其次，数据交易所等中介一般有高标准的安全要求，会配置严密的备份和恢复方案，以应对各种潜在的风险和威胁。预计在未来数据交易所至少有 4 个刚性备份场景，分别为数据上传到数据交易所时的初次备份、数据交易所的冗余备份、交易过程中的版本备份与交易完成后的安全备份。最后，数据买方也有至少 4 个备份场景，分别为获得数据后的初次备份、数据买方的冗余备份、定期的内部备份与灾难恢复备份。数据要素市场中数据流转过程中的备份场景如图 2-5 所示。

数据卖方备份场景 〉	数据交易所备份场景 〉	数据买方备份场景 〉
1 原始数据的初次备份 • 在数据创建之初，进行一次完整的数据备份，保存一个原始版本以备不时之需	**3 数据上传到数据交易所时的初次备份** • 数据交易所接收到数据后，会立即执行一次完整备份，确保在数据上传过程中遇到的任何问题都可以恢复	**7 获得数据后的初次备份** • 数据买方在接收到数据之后，会立即进行一次完整备份，确保数据在交付后的任何时候都有一个安全副本
对于非数据加工或仅提供数据服务的公司（如 Scale AI），在原始数据的初次备份与交易前的完整备份之间，通常还需要若干次组织内的存储与备份，供组织内部"消费"	**4 数据交易所的冗余备份** • 将数据备份到多个地理上分离的存储地点，如不同的数据中心，以确保在任何一个存储地点出问题时，都有其他备份可用	**8 数据买方的冗余备份** • 数据买方将数据备份到多个地理上分离的存储地点，确保在任何一个存储地点出问题时，都有其他备份可用
2 交易前的完整备份 • 在数据交付给数据交易所之前再次进行完整备份，以防止任何误操作导致数据丢失或损坏	**5 交易过程中的版本备份** • 当数据经过不同审核或处理阶段时，数据交易所会对每个关键点进行备份，以便日后审计和追溯	**9 定期的内部备份** • 数据买方会根据其自身的数据管理政策，进行定期备份，包括增量备份、差异备份和完整备份，确保始终有可用的数据版本
	6 交易完成后的安全备份 • 在数据正式交付数据买方之前，数据交易所会进行最后一次完整备份，确保最终交付版本与交易记录一致	**10 灾难恢复备份** • 数据买方会定期将数据备份到异地或离线存储，确保在遭遇如火灾、地震等重大灾难时，仍有数据可用

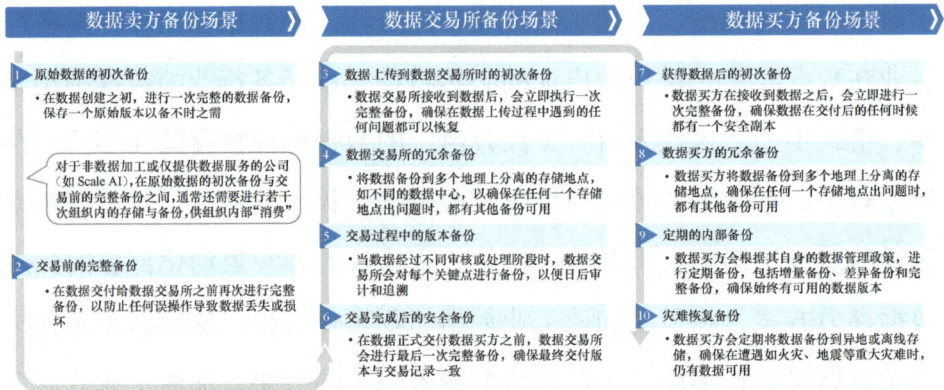

图2-5　数据要素市场中数据流转过程中的备份场景

第二，海量的数据需要通过加工和分析来提高数据可用性。以数据加工环节为例，目前，千行百业对高质量数据的需求，给数据加工产业的发展带来了"原动力"，规模化发展数据加工产业所带来的就业岗位等外部效应也引起各国政府的重视。例如，Scale AI 专门设置的负责招募数据标注员（Data Annotator）的子公司 Remotasks，在全世界范围内广泛招募员工，以为客户提供高质量数据集，这给非洲、东南亚等地区带来了数以万计的就业岗位。在数据分析环节，先进数据存力使能数据编织，实现企业数据全局可视、可管，为数据服务提供安全底座，进而主动为用户推送数据，提升数据分析效率与智能化水平。

第三，先进数据存力可有效促进数据资产的安全流通与分发。在数据交易环节，先进数据存力与区块链等前沿存储技术协同作用，确保了先进数据存力方案全栈可靠，最终保障了数据交易可信、可控。在数据服务环节，在数据服务商的产业模式下，先进数据存力拥有非常安全的存储系统，确保了交易服务的安全，成为推动数据服务商产业发展的重要基石。在生态保障环节，先进数据存力在存储设备层具备数据加密与隐私保护等特征，可为数据要素市场的可持续规模化发展保驾护航。

例如，我国政府及产业界联合打造存力中心，积极构建数据基础底座，赋能新质生产力，就是以存力加速数据要素发展的业界领先实践。在政务服务领域，存力中心提供了快速获取企业资质的能力，并在成都等城市应用，大幅精简了资质审批流程，实现了"上一张网，办所有事，最多跑一次，一次能办成"，将获取资质时间从 30 天以上缩短至 15 ～ 20 天。这便是以存力中心推动"数实融合"，打造端到端数据管理服务中心的实践。

2.2.2　通用智能体涌现的"催化剂"

首先，先进数据存力可有效强化大模型等 AI 原生应用的推理表现能力、降低 90% 甚至更多的单 Token 推理成本，进而加速通用智能体涌现。先进数据存力不是静态的"仓库"，而是动态且高智能化的"催化剂"，它通过优异的读写性能与软件算法等技术，加速通用智能体涌现。具体来说，体现在以下两个方面。

一方面，先进数据存力的"以存强算""以存代算"特征，可有效强化大模型等 AI 原生应用的推理表现能力。"以存强算"特征通过外挂行业知识库有效提升了推理精度，提高了 AI 在处理长文本和复杂对话时的准确性和连续性，使大模型在与用户交互时有能力进行"超长上下文"对话，而不会突然"断片"；"以存代算"特征则使大模型具备"记忆"能力，大模型通过记录与用户交互的信息，记住常见问题的答案，并在类似问题出现时，直接调取存储系统中"现成记忆"，让用户可以快速得到准确回答，可避免重复使用显卡进行推理，降低推理成本。

另一方面，先进数据存力可将单 Token 推理成本降低 90% 甚至更多，进而大幅降低企业运营成本。以万卡智算场景为例，当前运营一个能支持大模型训练与推理的万卡规模智算中心，每年需要投入的资金高达 10 亿元。如果将该中心中 10% 的 Token 采用"以存代算"的模式进行推理，那么在未来，综合推理成本可下降亿元级规模。实际上，诸多热门应用场景中的 Token 重复率远超 10%，例如，客户服务中心处理的 60%～80% 的问题是重复性查询；在企业的在线自助服务平台和用户论坛中，有 75%～85% 的问题是重复性查询。这意味着"以存强算、以存代算"有着广阔的应用前景，推理成本的大幅下降将有效促进通用智能体涌现。

其次，智能经济相较数字经济，还伴随组织、流程与管理机制的全面革新，而先进数据存力在其中将有效加速组织流程与管理机制的创新。近年来，随着数据量的激增，全球越来越多的组织设置了首席数据官岗位，旨在强化组织对数据价值的挖掘与安全合规管理。据某全球性企业调研数据，2022 年，任命了首席数据官的全球领先上市企业数量同比增长了 28.5%，达到 34.1%，北美地区首席数据官的渗透率达到 38.1%，亚太地区也提升至 10.2%。

然而，那些积极通过组织变革拥抱数据价值的企业，在数据管理和数据服务上面临着诸多挑战。首先，由于企业内各部门的数据标准不统一，数据的转换与治理成本随数据量的提升而快速增长。例如，不同事业部门在将管理成本分摊至各产品时，可能采用不同的会计处理准则；在将这些数据提供给数据需求方时，部门需要投入额外的成本来统一这些数据。其次，数据服务的自助化与智能化程度不够，制约了业务部门挖掘数据价值的能力。例如，许多部门都有频繁读取数据的需求，但由于数据提供方是"碳基员工"，无法实现 24 h 自助式数据服务。

对于这些数据管理和数据服务上的挑战，先进数据存力可作为核心技术，牵引组织流程与管理机制的创新。具体而言，首先，企业可以将公司内部所有系统的数据都汇聚到集约化存储资源池中，采用湖仓一体等创新解决方案，实现对财务职能所需数据的统一管理与实时更新；其次，企业可以构建一个所有业务职能均可统一访问交互的通用智能体，以实现数据服务的"自助化"；最后，企业可以根据财务职能确立统一的会计处理准则并输入通用智能体，使其能够理解这些会计处理准则（如成本均摊规则），如有更新需求可统一输入大模型，以确保数据提取结果的一致性，而财务职能仅需要更新维护会计处理准则即可。总的来说，对任何行业的组织而言，数据管理与构建高效的数据服务是一个系统工程，需要持续投入方有成效。而先进数据存力，为组织流程与管理机制的变革提供了新的可能性。

最后，先进数据存力还可促进社会的可持续与良性发展，增强各国在未来关键产业中的竞争力。一方面，智能经济相较数字经济更普惠，除了赋能千行百业提质增效，还可促进绿色发展、实现良政善治、提升社会福祉。如果将这些成效换算成社会经济效益，由先进数据存力牵引的正向社会经济效益可达万亿级。另一方面，先进数据存力与众多具有中长期发展潜力的产业紧密相关，布局先进数据存力有助于增强各国在未来关键产业中的竞争力。以我国政府近年提出的"新质生产力"中的九大未来产业之一——量子信息产业为例，借助先进的数据存储技术，量子通信网络能够更高效地存储和管理大量的量子密钥与纠缠态信息，确保这些数据在需要时能够被快速、准确地访问和使用。在跨国金融交易中，银行可以利用量子存储器安全地存储和传输密钥，有效防止黑客攻击和数据泄露，从而保障交易安全。

2.3 先进数据存力核心目标

基于全球数据产业的八大趋势，我们分析得出先进数据存力的三大核心目标。一是**集约化汇聚全域异构数据**，对多种类型的数据做到"海纳百川"；二是**安全、可靠、绿色的数据存储**，确保数据在流转时的安全可靠与绿色低碳；三是**高效使能多元化应用生态**，先进数据存力以优异的性能，为多元化北向应用（如大模型）的高质量运行提供有力支撑。

2.3.1 集约化汇聚全域异构数据

趋势 1：从数据产生量看，全球数据量井喷，如何高效利用数据成为共性问题

根据 IDC 报告，2022—2027 年全球数据产生量增长率保持在 20% 以上，如图 2-6 所示，消费者和企业数据产生量增长率呈持续上升趋势。预计到 2027 年，全球数据产生量将达到 291.1 ZB。其中，中国、美国数据产生量占比持续提升。以中国、美国为代表的大国存储方案与产业发展范式，不仅与本国存储产业的发展相关，也将有条件引领全球数据存储产业发展，为其他区域提供范例。

趋势 2：从数据产生场景看，"边缘"场景成为数据量增长速度最快的新兴场景，但对应的专业存储方案应用规模仍有待提升

根据 IDC 报告，如图 2-7 所示，"终端""核心""边缘"场景的数据增长中，"边缘"场景数据量以 30% 以上的增长速度，超过"核心"

（数据中心）与"终端"场景，"边缘"场景的数据存储需求与重要性正快速提升。

趋势 1 — 数据产生量

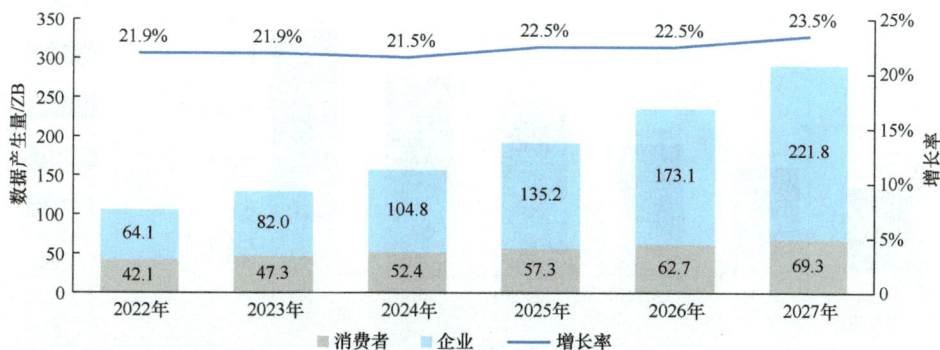

图2-6 全球数据产生量

趋势 2 — 数据产生场景

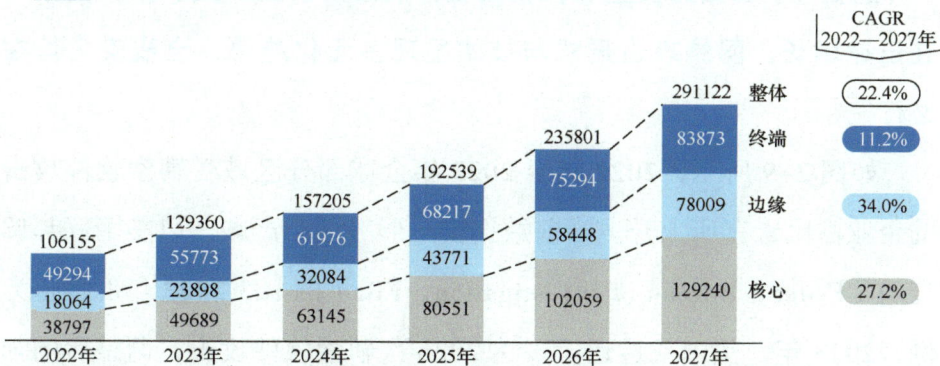

注：单位为EB。2026年和2027年的数据为预测数据。

图2-7 全球数据产生场景

趋势 3：从数据产生类型看，非结构化数据成为数据增量的主流，异构化存储势在必行

根据 IDC 报告，如图 2-8 所示，2023 年全球数据增量中 80% 以上为图片、视频等非结构化数据。在数据要素加速发展的产业背景下，如何高质高效地存好、用好这些非结构化数据，成为企业与公共部门等数据要素所有方必须回答的问题。

图2-8　全球数据来源

注：单位为EB。

2.3.2　安全、可靠、绿色的数据存储

趋势 4：从数据安全看，勒索软件攻击的发生频次、损失金额均在迅速增长，网络攻击形式与技术呈现多元化趋势，全栈安全势在必行

如图 2-9 所示，2022 年至 2023 年全球部分区域受勒索软件攻击的企业占比皆有所上升。当前数据安全形势逐渐严峻，以美国联邦调查局（Federal Bureau of Investigation，FBI）的 IC3 2023 年度报告为例，2023 年，美国就遭遇了多达 2825 次勒索软件攻击，调整后的损失超过 5960 万美元，与 2022 年相比，勒索软件攻击的发生频次与损失金额分别增长了 18% 和 74%。在 2825 次的勒索软件攻击中，有约 42% 的攻击事件都针对美国的关键基础设施部门，其中公共医疗、关键制造、政府机关、信息技术和金融服务分列第 1 至第 5 位。例如，2023 年金融服务行业在每起攻击事件中平均损失约 900 万美元（包括

业务中断损失、停工损失、数据恢复和修复成本损失、品牌名誉损失以及律师费等）。

趋势 4　　受勒索软件攻击的企业占比

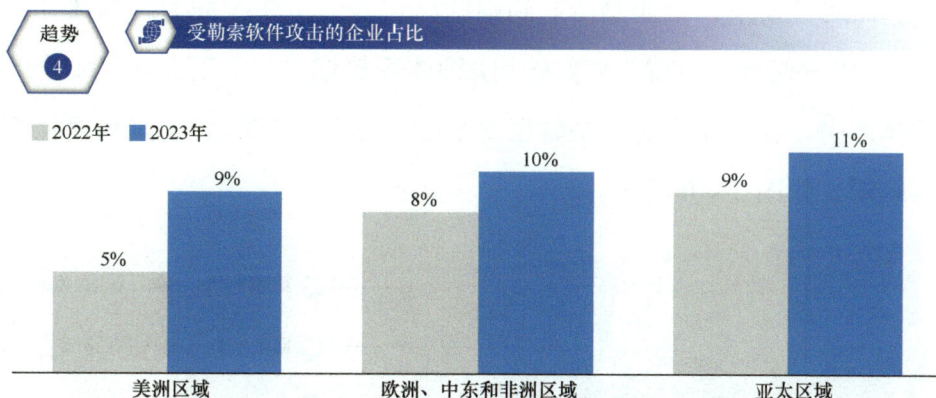

图2-9　全球部分区域受勒索软件攻击的企业占比

在频繁的勒索软件攻击事件中，损失金额也在不断提升。SOPHOS 公司发布的 *The State of Ransomware 2023* 和 *The State of Ransomware 2024* 报告表明，2022 年勒索软件攻击事件的平均恢复总成本（不含赎金）达到了赎金的 1.72 倍，而仅两年后，平均恢复总成本则下降为赎金的 69%。以中国为例，2023 年，仅 360 安全大脑监控到的双重 / 多重勒索软件家族相比 2022 年就新增了 36 个，勒索组织在要求得到更多赎金的同时，还会窃取企业数据，以泄露数据威胁企业及其合作伙伴，在 2750 起事件中，有超两成案例窃取了 500 GB 以上的数据，以财务数据及个人隐私数据为主。

此外，网络攻击形式与技术也变得更为多元化，仅凭传统的网络层防护（如防火墙等）已不足以应对当前的网络攻击。例如，勒索组织开始更多地采用如 BYOVD 技术和离地攻击（Living Off The Land，LOTL）技术等复杂尖端技术进行勒索软件攻击。黑客通过这两项技术可以利用已知的漏洞驱动程序和合法系统工具绕过系统防火墙，"合理"地收集信息、执行代码，且黑客可以在不引发警报的情况下恶意篡改、删除及窃取数据。

在此背景下，企业亟待端到端强化自身安全防护能力，构建"网络—主机—应用—存储"4级安全防护体系势在必行。而在4级安全防护体系中，存储安全防护是数据安全的"最后一道防线"，其重要性不容忽视，如图2-10所示。

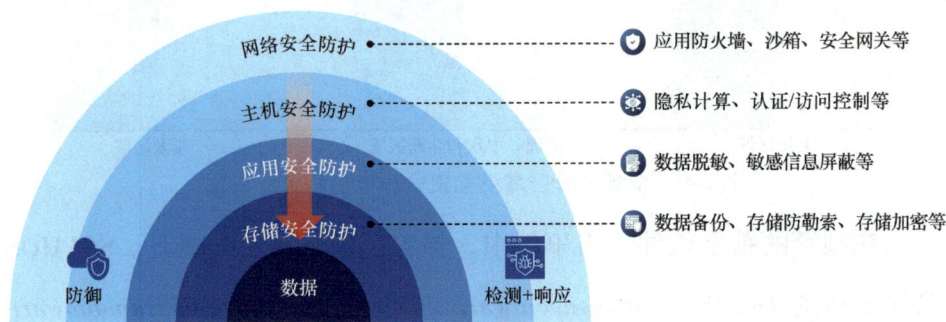

图2-10　4级安全防护体系

趋势5：企业对容灾备份的投入稳步增长，对全闪化备份的投入将进一步提升

根据Gartner报告，全球企业对容灾备份的投入稳步增长。例如新加坡、美国、德国在2023年的容灾备份率相较于2020年分别增长了7%、5%、9%，如图2-11所示。全球的数据要素正在资产化，伴随网络环境越来越复杂的趋势，企业对备份产品安全性的重视程度也在进一步提升，高效、可靠的备份产品可以极大程度地保证企业的数据安全，或在发生风险情况下挽回企业的损失。

以中国金融行业为例，数据要素的快速发展带来了海量机遇，但也带来了潜在数据安全风险。当前，尽管银行等金融机构可以通过身份鉴权、报文加密、沙箱检验等技术提升数据安全性，甚至建设专线对接政府客户进行数据交换，但数据安全风险仍然存在。因此，部分中国国有银行正考虑在隔离域增设专用于跨组织数据交易的先进数据备份设备，以从根本上规避潜在的数据安全风险。

趋势 5　容灾备份率

■ 2020年　■ 2023年

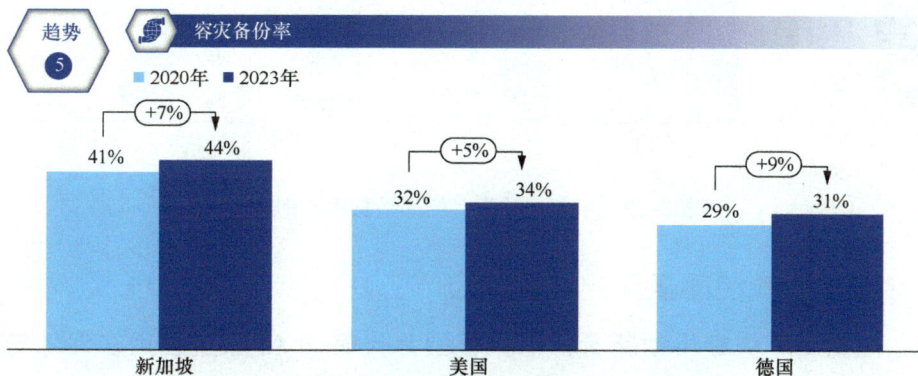

图2-11　新加坡、美国和德国的容灾备份率

趋势 6：绿色发展成为全球多数区域建设数据中心的共识，但实现规模化且可持续低碳发展仍是一个挑战

一方面，随着全球主要国家数据中心电源使用效率（Power Usage Effectiveness，PUE）持续下降，IT 设备本身的能耗下降成为重要的低碳发展趋势。例如，2019—2023 年，美国数据中心 PUE 从 1.67% 降低至 1.43%，中国数据中心 PUE 从 1.46% 降低至 1.18%，德国数据中心 PUE 从 1.33% 降低至 1.29%，如图 2-12 所示。

另一方面，俄乌冲突带来能源成本上升，使得欧洲、中亚等相关地区对数据中心的节能与集约化部署的诉求进一步提升，可持续低碳发展成为刚性需求。例如欧盟的《能源效率指令》、德国的《能源效率法》和"数字战略 2025"都对数据中心绿色发展提出了要求，这对全球其他国家和地区降低数据中心 PUE 的指标与规范设定具有参考价值。

趋势⑥ 数据中心PUE

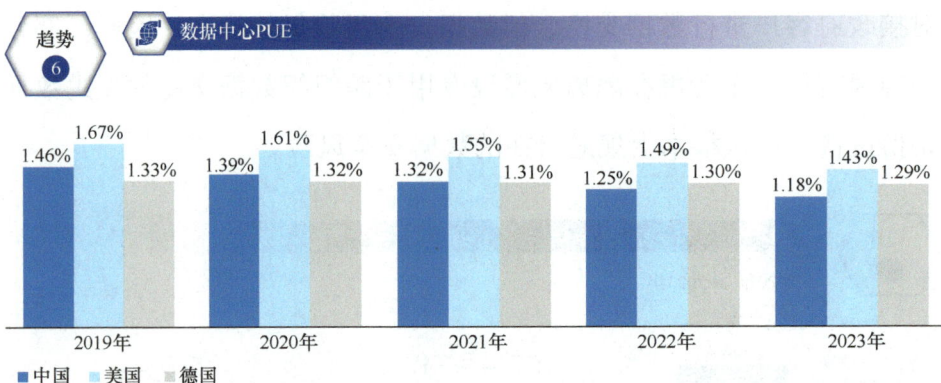

图2-12 中国、美国、德国数据中心PUE

2.3.3 高效使能多元化应用生态

趋势 7：从应用创新看，以大模型为代表的 AI 原生应用在训练与运行时产生的数据量井喷，也使得数据存储将在"万亿参数"时代发挥关键作用

随着参数规模从千亿级向万亿级，乃至十万亿级跃迁，加上数据膨胀倍数带来的数据量跃迁，针对大模型的数据存储方案也面临革新，更高性能的读写带宽、更大的 IOPS、外挂知识库等创新性数据存储方案将深度赋能大模型训练。

2021—2023 年，全球外置数据存储设备市场的一级存储系统容量从 22082 PB 增长至 25622 PB，提升了约 16.03%。同时，大模型成为发展数字经济的重要节点，中国也在增加对一级存储系统容量的投资，投资额从 2021 年的 24 亿美元增至 2023 年的 29 亿美元，容量也从 4477 PB 增长至 5209 PB，符合全球趋势，如图 2-13 所示。尽管中国的增长情况显著，与数据强国美国相比，差距依然明显，2023 年，中国的一级存储系统容量依然不及美国的一半，但统计预测结果显示，中国的一级存储系统容量将在未来保持稳定提升的态势。

趋势
7　　一级存储系统容量

	2020年	2021年	2022年	2023年
中国	4346	4477	5209	5209
美国	9988	10376	11473	12027

注：单位为PB。

图2-13　中国、美国一级存储系统容量

趋势 8：随着企业数据产生量的快速提升，二级存储系统的全闪化趋势将持续深化

根据 Gartner 最新报告，全球二级存储系统的闪存占比逐年提升。对外置数据存储设备市场而言，全球二级存储系统闪存投资占比将从 2022 年的 14.1% 提升至 2027 年的 15.4%（见图 2-14）。整体而言，我们认为全球二级存储系统的全闪化趋势将持续深化，其中核心原因有以下两点。

第一，随着企业数据产生量的快速提升，企业越来越难以满足在规定的备份时间窗口内完成备份的要求，满足恢复时间目标（Recovery Time Objective，RTO）与恢复点目标（Recovery Point Objective，RPO）等系统可靠性指标要求的难度持续提升，这使全闪化方案的实施成为一种趋势。第二，大数据智能分析、湖仓一体等创新型应用的逐渐丰富，也使企业二级存储系统内的"热温"数据比重持续提升，这也促进了性能更为优异的全闪化方案逐渐在二级存储系统中成为"趋势性刚需"。

例如在 2024 年中国的"6·18"打折促销期间的连续 3 天内，中国某头部运营商单日产生的移动数据所需要的备份时间均超过传统HDD方案通常预留备份窗口上限的10%，显然，对该运营商而言，传统HDD方案已经不能满足需求，数据备份设备的全闪化势在必行。

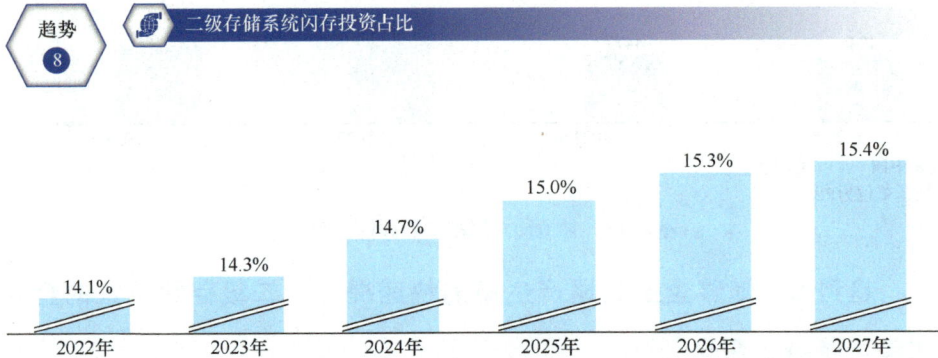

趋势 8　**二级存储系统闪存投资占比**

14.1%	14.3%	14.7%	15.0%	15.3%	15.4%
2022年	2023年	2024年	2025年	2026年	2027年

图2-14　全球二级存储系统闪存投资占比

2.4　先进数据存力八大核心特征

为更有效地适应行业发展趋势，数据存储产业应从"数据存力"迈向"先进数据存力"。先进数据存力应具备八大核心特征：全域泛在、性能跃迁、原生智能、集约架构、多级可靠、主动安全、绿色低碳与开放生态。

1. 全域泛在：从聚焦数据中心，到多场景泛在化

"边缘"数据呈现高异构化、流通量大以及对集约化要求程度较高等特征，这使得专用边缘存储方案成为必然选择。以某汽车电子制造服务（Electronics Manufacturing Services，EMS）工厂为例，该工厂每日产线数据量达到TB级，其中质量检测产生的图片数据为重要来源。对该工厂而言，如何有效管理这些数据是一个挑战。若将数据全部上传至云端，在缺乏有效的数据存储和管理机制的情况下，这些数据

难以体现出价值，因此，全量数据上云并非最佳策略。在此情形下，边缘存储提供了一个理想的解决方案：将大部分数据存储在边缘场景中，仅将重要数据，如制程质量控制（Input Process Quality Control，IPQC）质检过程中发现的不合格产品数据，上传至云端。这种方案有效缓解了边缘数据量激增带来的管理压力，同时确保了数据被有效利用。

2. 性能跃迁：从传统 HDD，到端到端全闪化

随着大模型等 AI 原生应用的普及，存储系统需要提供更高的性能以满足用户日益增长的需求。千亿级大模型将面临 10 倍数据量的膨胀，这对存储系统提出了更高的性能要求，端到端全闪化势在必行。端到端全闪化将实现从 GB 级到百 GB 级带宽、从百万级到千万级 IOPS 的性能跃迁，以有效支撑 AI 时代的业务需求。同时，端到端全闪化也意味着 SSD 的应用范围将从核心系统扩展至二级存储系统和容灾备份系统。随着 SSD 与 HDD 的价格比持续下降，总拥有成本（Total Cost of Ownership，TCO）更低且性能更优的全闪化方案，也将成为传统意义上"非核心系统"的主流方案。

3. 原生智能：从基于既定规则，到"以存强算、以存代算"

先进数据存力的原生智能有三重内涵：一是加速赋能大模型的训练，实现存力对算力的增强乃至部分替代；二是提升业务处理效率，缩短断点续训间隔时间；三是实现具备智能涌现特征的设备运维自治。

第一，先进数据存力原生智能的核心赋能场景是以大模型为代表的 AI 原生应用。通过外挂行业知识库，将最新的行业知识，包括文本、图片、音视频等，以向量形式存储在知识库内，从而增强大模型的预测精度，实现"以存强算"。外挂行业知识库以向量存储为载体，把海量非结构化数据处理成多维向量，给大模型提供最新、最全面的

信息，有效解决了大模型的时效性问题，同时提高了推理准确度。"以存代算"是先进数据存力原生智能使能大模型的另一特征。当前的大模型的本质是"连续预测"，即基于用户提出的问题，结合上一个字预测下一个字，实现与用户的持续交互。通过采用 KV Cache 技术构建"高带宽内存（High Bandwidth Memory，HBM）– 动态随机存储器（Dynamic Random Access Memory，DRAM）–SSD"3 层缓存机制，保存"工作记忆"（如历史问答记录等），解决了多轮对话和长序列"场景记忆"方面的问题（例如，用户就一个较复杂的问题进行多轮询问、澄清、再询问的过程），从而实现高性能记忆存储。相比重新推理计算的成本，直接调取 KV Cache 中 SSD 层数据的成本降低了 90% 甚至更多。

第二，先进数据存力的先进性能加快了业务处理，有效缩短了断点续训间隔时间。随着数据并行、模型并行和流水线并行成为大模型算力基础设施部署和运行的范式，大模型的训练效率得到了指数级提升；与此同时，这种并行架构也让高性能专业存储在 AI 架构中的重要性持续提升，对存储 IOPS 与读写带宽等性能指标提出了更高的要求。

第三，智能涌现式的设备运维自治。这包括基础设施资源规划、设备预测性维护、智能故障诊断和全局可视化等功能，高度自治智能式的设备运维成为企业 IT 基础设施的"智能顾问"，促使运维管理从被动式响应模式向智能涌现式的"自闭环式"运行模式转变。

4. 集约架构：从存算分离阵列，到集约化资源池

先进数据存力集约架构的核心内涵为存算解耦与以数据为中心。首先，存算解耦的架构将服务器与本地盘拉远，构成无硬盘服务器和

远端存储池，实现了真正意义上的存算解耦，极大提升了存储资源利用率。在传统的数据中心架构下，存力与算力通常作为两个独立的阵列，与网络运力设备组合形成端到端全栈解决方案。尽管当前可以通过分别优化存力、算力、运力，在一定程度上实现集约化部署，但这并未触及存算独立阵列架构的根本性变革。存算分离的创新型架构大幅降低了因服务器折旧周期（通常为 3 ～ 5 年）短于业务数据生命周期（有时长达 10 ～ 15 年）而产生的数据迁移成本。其次，先进数据存力集约架构以数据为中心，借助内存互联（Compute Express Link，CXL）、远程直接存储器访问（Remote Direct Memory Access，RDMA）等技术，构建高通量超融合网络，避免了用户数据和控制数据（如元数据等）的低效交织，缩短了输入 / 输出（Input/Output，I/O）处理路径，最终实现了高吞吐量、低时延的卓越性能。

先进数据存力的创新型架构将带来两大核心影响。一是由存算解耦带来的北向兼容与开放 ICT 基础设施生态，先进数据存力将能够兼容多元化北向算力（如 x86/ARM 等），促进多元化解决方案的形成。二是以集约化部署能力使能存力走向全场景，加速先进数据存力在边缘智能等场景的普及和渗透，提升存力的泛在性。

5. 多级可靠：从结果导向管理，到 4 级可靠体系

先进存储系统解决方案的可靠性应包含"数据级可靠—部件级可靠—解决方案级可靠—云级可靠"4 级。例如，对于数据级可靠，可以使用异构算力等技术手段进行纠删码（Erasure Code，EC）处理，实现对数据的合理冗余保护；对于部件级可靠，需要确保 SSD 的可靠性及业务负载均衡，而非简单"集成硬盘"；对于解决方案级可靠，需要确保实现高韧性，即使只剩 1 个控制器也能确保业务连续性，在分布

式集群存储下能够满足双活与业务连续性需求，并在全闪化方案中可以不牺牲快照等增值功能的可靠性；对于云级可靠，需要有效支持对象存储场景下的文件级颗粒度恢复。

6. 主动安全：从被动应对攻击，到主动全栈防护

在网络环境愈发复杂、被勒索付出代价逐年升高、攻击形式持续多元化的当下，企业在安全管理上应从被动转为主动，形成"网络—主机—应用—存储"全栈数据安全防护体系。其中，数据存储的主动安全将成为先进数据存力的重要组成部分。数据存储的主动安全有四大核心内涵。一是"主动"，能够构建事前、事中、事后端到端防勒索体系；二是"高韧"，能够支持数据快速恢复；三是"可视"，提供清晰的系统容灾业务的运行状况视图，便于快速、方便地完成数据恢复和测试演练；四是"全域自治"，能够为多类型存储设备（如全闪存、分布式存储、安全备份一体机等）提供安全策略统一的配置管理、全局侦测分析及主动防御能力，也能够在"边缘""中心"等多场景提供安全、可靠的数据保护。

7. 绿色低碳：从政策要求驱动，到先进方案牵引

在全闪化介质与集约架构的赋能下，先进数据存力从存储介质、软件算法与数据处理架构等多个方面实现了创新，可有效降低存储系统的能耗，为数据中心的绿色可持续发展提供了一个可大规模推广的解决方案。首先，存储系统的大部分能耗来自存储介质，选用SSD与单盘容量的持续提升，将带来显著的能耗下降。具体而言，相同容量下，SSD相比HDD的能耗降低70%，空间占用节省50%；同时，随着SSD单盘容量持续提升，未来主流SSD单盘容量有望达到HDD的两倍以上，实现数据中心集约化部署。除了存储介质方面的创新，软

件算法与数据处理架构等方面的创新也将进一步推动存储设备的集约化部署，加速绿色转型。例如，数据压缩技术使得更小的存储空间能容纳更大体量的数据；近存计算与专用数据处理器带来的架构创新可有效减少数据迁移成本；高密盘框的设计使得相同空间可存储更多的数据，从而降低了存储数据的单位能耗和相应的碳排放。

8. 开放生态：从数据存取 ATM，到自助数据消费

当前的存储设备一般提供块、文件、对象等基础数据接口，在此基础上，还提供 Table 格式接口（对接数据库应用）、DataSet 向量接口（对接训练推理型应用）、资产类接口（对接数据交易型应用）等。未来，数据服务和应用程序接口（Application Program Interface，API）通过提供更先进的功能、更卓越的性能和更安全的数据访问，可以超越传统的数据源或表界面，支持自主创建更复杂的应用，提供更多创新方式来利用数据的"力量"。例如，在未来，数据接口可以与 NLP 技术结合，提供类似 ChatGPT 的服务接口，使用户能够使用自然语言与数据互动，从而极大地提升数据的可访问性和易用性。

2.5　先进数据存力的核心价值与影响力

海量的数据使能千行百业走向智能经济、加强智慧政府治理能力、提升人民生活幸福度。据测算，1 元（如未说明，均指人民币）先进数据存力的投入预计能带来至少 60 元的社会经济效益增长，总体而言，先进数据存力在赋能产业发展升级、提升社会福祉与强化区域竞争力三大方面，展现出巨大价值与深远影响。先进数据存力的核心价值与影响力如图 2-15 所示。

1元先进数据存力的投入预计能带来至少60元的社会经济效益增长

❶ 赋能产业发展升级	❷ 提升社会福祉	❸ 强化区域竞争力

实现
70万亿元级
智能经济生产力提升
↑
组建
超过2万亿元
数据要素市场
↑
打造
超过1.4万亿元
先进数据存力产业链

绿色发展：先进数据存力的应用有潜力带动中国与全球数据中心降碳24%和16%

良治善政：至少为中国与全球带来1万亿元与3万亿元的潜在经济效益

社会福祉：可分别为中国与全球带来6.9万亿元与20万亿元的潜在经济效益

元宇宙　脑机接口　量子信息
具身智能　生成式AI　生物制造
未来显示　未来网络　新型储能

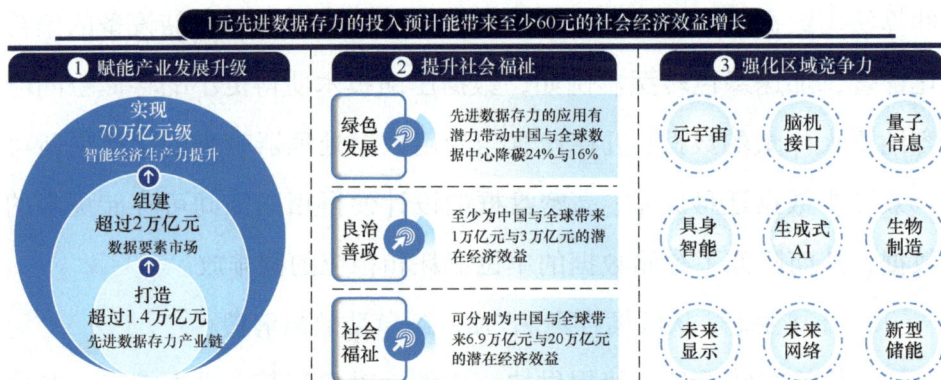

图2-15　先进数据存力的核心价值与影响力

2.5.1　赋能产业发展升级

首先，先进数据存力作为智能经济的核心技术，未来有潜力成长为千亿级 ICT 产业。第一，数据中心的存算网架构将在先进数据存力的牵引下发生结构性变化，专业存储设备市场规模将快速扩大，并将在数据中心建设过程中成长为一个独立且核心的模块；第二，先进数据存力将与大模型等创新型数字化技术深度融合，二者将共同成为智能经济的"原生智能解决方案"，使得打造先进数据存力底座"势在必行"；第三，当前全球主流区域的存力与算力配比并不均衡，在多数区域，存力的投资增长明显低于算力的投资增长，先进数据存力产业的可持续增长潜力巨大。

据测算，到 2030 年全球先进数据存力产业至少可达 2500 亿美元。作为全球算力排名第二的国家，预计到 2030 年我国的算力规模在全球的占比将至少达到 30%，这意味着届时我国算力将有望超过 35 ZFLOPS（FLOPS 是衡量计算机系统或设备浮点运算能力的核心指标，即 Floating-Point Operations Per Second，每秒执行的浮点运算次数。1 ZFLOPS=10^{21} FLOPS），如果数据存储产业在通用计算及智能计算场景下，均按较为理想的存算比进行配置，我国将有条件打造万亿元级先进数据存力底座产业。更进一步而言，NAND Flash 颗粒等关键部件成本占存储设备成本的 60%～70%，如果将这些零部件的产值纳入经济效益的考量范畴，随着存储芯片等关键部件国产化进程的加速，预计到 2030 年我国的先进数据存力端到端全产业链规模，将有潜力达到万亿元级。

其次，先进数据存力产业将与数据要素市场深度融合，并驱动数据要素市场的规模化发展。到 2030 年，全球数据要素市场规模有望达 3011 亿美元，年均复合增长率超过 15%，我国数据要素市场规模将达到 5156 亿元，年增长率超过 40%。在数据要素市场的发展过程中，数据存储环节的直接贡献占比可达 20%，并作为"压舱石"充分保障数据要素的安全流转，其间接贡献占比可达 80%。2021—2030 年全球数据要素市场规模如图 2-16 所示。

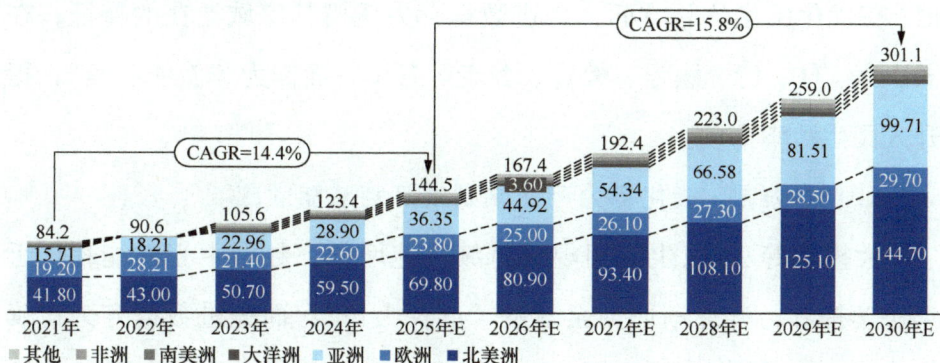

注：E表示预测数据。数据单位为10亿美元。

图2-16　2021—2030年全球数据要素市场规模

最后，先进数据存力可作为智能经济的核心技术，赋能千行百业提质增效，带来生产力的显著提高。据测算，以先进数据存力为代表性技术的数智化解决方案，到 2030 年对生产力提高所带来的潜在价值预计可达 10 万亿美元级。对我国而言，到 2030 年智能经济对各行业的生产力提高所带来的经济效益可达 1.5 万亿美元，其中制造业、贸易业、建筑业、健康服务业与交通运输业均将获得巨大收益。例如，在制造业，通用智能体可以实时监控和调整生产线的各种参数，通过自我学习和优化进一步提高生产效率。它能够自主识别和解决瓶颈问题、协调不同机器的工作速度和任务分配，从而实现生产线的最高效率和最优配置。

2.5.2　提升社会福祉

先进数据存力除了赋能产业发展升级，还可通过使能绿色发展、提升政府治理能力、优化民生体验，带来社会福祉的全面提升。在使能绿色发展方面，先进数据存力可为全球数据中心带来显著的降耗减排；在提升政府治理能力方面，以先进数据存力赋能的数智化系统可在防灾护生、预防犯罪、电子政务、环保监测等场景中展现出显著的价值；在优化民生体验方面，先进数据存力凭借其广域泛在的特征，在衣、食、住、行、医疗、教育、养老等各个方面作为"使能底座"，提升人民生活幸福度。

1. 绿色发展：量化存力产业端到端降耗节能效应

大模型等 AI 原生应用规模持续快速增长，数据中心的能耗于近年快速提升，并逐渐成为全球的"能耗大户"，而先进数据存力可确保数据中心有效降碳。经测算，先进数据存力方案从原厂委托制造（Original Equipment Manufacture，OEM）到在数据中心投入使用的生命周期中能带来可观的能耗下降，可为我国和全球的数据中心分别节省 24% 和 16% 的能耗。首先，应用先进数据存力（使用 SSD 替换 HDD）可直接为我国和全球的数据中心降低碳排放；其次，先进数据存力的应用可有效赋能集约化部署，降低数据中心的整体投资与运营成本，进而创造良好的条件牵引更先进、绿色的冷却系统（如液冷系统）的加速落地。先进数据存力对绿色经济的影响如图 2–17 所示。

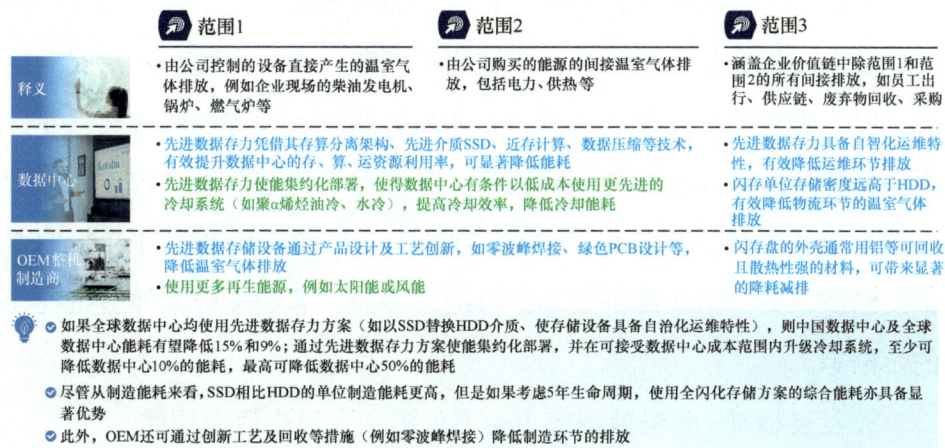

	🏛 范围1	🏛 范围2	🏛 范围3
释义	·由公司控制的设备直接产生的温室气体排放，例如企业现场的柴油发电机、锅炉、燃气炉等	·由公司购买的能源的间接温室气体排放，包括电力、供热等	·涵盖企业价值链中除范围1和范围2的所有间接排放，如员工出行、供应链、废弃物回收、采购
数据中心	·先进数据存力凭借其存算分离架构、先进介质SSD、近存计算、数据压缩等技术，有效提升数据中心的存、算、运资源利用率，可显著降低能耗 ·先进数据存力使能集约化部署，使得数据中心有条件以低成本使用更先进的冷却系统（如聚α烯烃油冷、水冷），提高冷却效率，降低冷却能耗		·先进数据存力具备自智化运维特性，有效降低运维环节排放 ·闪存单位存储密度远高于HDD，有效降低物流环节的温室气体排放
OEM整机制造商	·先进数据存储设备通过产品设计及工艺创新，如零波峰焊接、绿色PCB设计等，降低温室气体排放 ·使用更多再生能源，例如太阳能或风能		·闪存盘的外壳通常用铝等可回收且散热性强的材料，可带来显著的降耗减排

- ✓ 如果全球数据中心均使用先进数据存力方案（如以SSD替换HDD介质、使存储设备具备自治化运维特性），则中国数据中心及全球数据中心能耗有望降低15%和9%；通过先进数据存力方案使能集约化部署，并在可接受数据中心成本范围内升级冷却系统，至少可降低数据中心10%的能耗，最高可降低数据中心50%的能耗
- ✓ 尽管从制造能耗来看，SSD相比HDD的单位制造能耗更高，但是如果考虑5年生命周期，使用全闪化存储方案的综合能耗亦具备显著优势
- ✓ 此外，OEM还可通过创新工艺及回收等措施（例如零波峰焊接）降低制造环节的排放

注：绿色文字表述的是间接影响，蓝色文字表述的是直接影响。

图2-17 先进数据存力对绿色经济的影响

2. 良政善治：先进数据存力推动社会治理现代化，使能社会经济可持续发展

先进数据存力是城市建设和治理的底座，在防灾护生、预防犯罪、电子政务、环保监测等场景中均展现出显著的价值。它通过整合与分析海量数据加速决策过程、提升响应效率、降低运营成本并保障数据的安全性与稳定性。预计到2030年，先进数据存力在全球范围内为社会治理带来至少3万亿元的经济效益，而在我国也可以带来至少1万亿元的经济效益。

例如，先进数据存力可有效使能灾害预警系统，通过深度挖掘历史灾害数据价值，在灾害发生前迅速识别潜在风险、提供预警方案，避免或减少经济损失。经测算，全国每年以先进数据存力赋能的先进

灾害应急响应方案，可带来 3000 亿元的经济效益，包括减少的直接经济损失、紧急安置人口和贵重物品转移等间接经济损失、电梯救援成本等的效益。

又如，先进数据存力可深度分析犯罪历史数据，融合实时监控数据，实现对犯罪行为的精准预测和实时预警，帮助预警和防范安全隐患。以先进数据存力赋能的智能犯罪预警系统，可实现对潜在犯罪行为的精准预测和实时预警。经测算，全国每年通过以先进数据存力赋能的智能犯罪预警系统可节省成本达 4100 亿元，包括案件减少的数量及经济损失、重大经济犯罪案件追回金额、非法集资案件追赃挽损的金额等。

3. 社会福祉：先进数据存力全方位提高人民生活幸福感

随着经济的高速发展，人民对生活幸福感的要求也逐步提高。在衣、食、住、行、医疗、教育和养老等各方面，满足人民对于高质、高效幸福生活的期许应是各行业发展的应有之义。如果将社会民生福祉量化为经济效益，由先进数据存力赋能的千行百业，能为我国和全球分别带来 6.9 万亿元和 20 万亿元的社会福祉。

例如，在出行领域，先进数据存力通过赋能多端响应的数据系统，不仅能够为用户和城市管理者解决拥堵问题，还能够提升用户通勤的舒适度和幸福感。以智慧交通控制系统、智能导航和自动驾驶协同的应用场景为例，以先进数据存力赋能的智能解决方案能够通过智慧交通控制系统解决拥堵问题，通过智能导航和自动驾驶减少用户拥堵时间，大幅提高用户通勤的舒适度。在快速记录、同步城市全路段车流量及实景图后，该系统能够实时调节各路口交通信号灯使其遵循最佳工作节奏，并将信息同步推荐至用户端实现无延迟智能导航。此外，以先进数据存力赋能的自动驾驶能让用户的通勤时间变成休息、学习或娱乐时间，这将大幅减少通勤浪费的时间，在一定程度上提高人民生活幸福度。这一系列应用预计能为我国和全球分别带来7700亿元和2.4万亿元的社会福祉。

又如，在医疗领域，先进数据存力通过大数量级动态存储平衡区域间用户所享受的医疗资源实现共同效率最大化。以共享医疗应用场景为例，以先进数据存力赋能的智能解决方案可以实现对区域内患者全生命周期内健康信息的存储与实时更新。当面对急诊响应时，数据库能够在极短时间内调取急诊患者的健康信息（省去检查和病例书写环节），最大限度为急诊患者争取治疗时间，提高急救效率；当面对疑难杂症时，以先进数据存力赋能的全样本数据库，使偏远地区的患者不必再舟车劳顿来到大城市寻医问药，本地医院可以用数据库快速匹配类似病例，同曾经处理过类似病例的科室取得联系并进行即时会诊。据测算，共享医疗的广泛应用预计能为我国和全球分别带来2万亿元和6.6万亿元的社会福祉。

2.5.3　强化区域竞争力

九大未来产业的发展都依赖先进数据存力，它推动了技术进步和应用优化。数据存力凭借其汇聚、存储和分发数据的功能，确保了这些产业的高效运作。比特化使所有产业能够通过数字化技术进行信息分析和处理，提升了数据的快速处理能力。无论对于生成式AI的模型训练，还是量子信息的密钥管理、元宇宙的虚拟数据存储，数据存力都通过提供快速、高效的存储服务，为这些产业处理复杂数据任务提供了关键的技术支持，进而促进了国家的技术创新和应用发展。先进数据存力对新质生产力九大未来产业赋能如图2-18所示。

九大未来产业 ➡	产业对提振区域竞争力的影响	➡ 先进数据存力的赋能
生成式AI	• 通过推动科技创新、产业发展和人才培养，全面增强国家在全球竞争中的战略优势	• 使得人工智能实现"以存代算、以存强算"，带来了千行百业生产力的跃迁
量子信息	• 通过量子密钥分发等先进加密方法，确保了信息传输的绝对保密性，保卫国家信息安全	• 支持大规模部署和高效管理量子密钥及纠缠态信息，对量子通信行业至关重要
元宇宙	• 通过推动网络通信技术发展、促进技术进步、吸引顶尖人才和创造就业机会，提升国家的竞争力	• 负责存储、备份和分发元宇宙这个巨型数字孪生世界中所有的虚拟形象及活动的数据
脑机接口	• 推动高科技医疗设备的创新，促进社会福祉的提升，改善残障人士等弱势群体的生活质量	• 支持生物学信号到电信号的转换，推动存储器体积的缩小和性能的提升
具身智能	• 在工业生产、家庭服务等领域代替人类实现高效和高精准度的服务，显著增强国家竞争力	• 不仅在技术层面上推动机器人技术的发展，还在商业层面上催生新的"以数据为资产"的商业模式
生物制造	• 推动技术创新、优化关键产业链，并提升公共健康和食品安全水平	• 通过高效管理和处理生物数据，推动生物制造领域的精准研究和自动化生产
未来显示	• 推动高科技行业的升级、提升国家文化软实力，并增强国家安全和战略防御能力	• 提升未来显示的数据处理能力，支持创新应用，增强设备性能
未来网络	• 加速数据传输和提升带宽，优化智慧城市、自动驾驶和物联网应用，增强国家的科技创新能力	• 优化数据管理和分配，为未来网络的发展提供关键的技术支持
新型储能	• "比特"与"瓦特"齐头并进，显著增强了国家的电力系统稳定性，提高能源利用效率	• 提供数据管理和分析支持，尤其是在源网荷储一体化发展中发挥关键作用

图2-18　先进数据存力对新质生产力九大未来产业赋能

1. 生成式 AI

生成式 AI 通过推动科技创新、产业发展和人才培养，全面增强国家在全球竞争中的战略优势。生成式 AI 通过突破关键核心技术，推动产业链与创新链的深度融合，加快传统产业的升级改造，形成现代化产业体系。同时，生成式 AI 还可以优化学科建设和人才培养机制，培养适应未来发展的高端科技人才，推动产学研用的紧密合作。

此外，先进数据存力使得 AI 实现了"以存代算、以存强算"，带来了千行百业生产力的跃迁。首先，"以存代算"的特征赋予了大模型"记忆"，大模型通过记录与用户交互的信息，记住常见问题的答案，当类似问题再次出现时，大模型可以直接从存储系统中提取已保存的"记忆"，确保用户能够快速获得准确的回答，从而避免重复使用显卡进行推理。其次，先进数据存力通过高效存储、数据处理、对仿真模型的支持和对虚拟调试的应用，优化了生产线的效率。例如某汽车一级供应商依托数据存储技术，实现了对印制电路板的全面高效检测，提升了产能。

2. 量子信息

量子通信技术通过量子密钥分发（Quantum Key Distribution，QKD）等先进加密方法，确保了信息传输的绝对保密性，保卫了国家信息安全。在金融、军事和政务等关键领域，这种高度安全的加密方法可以有效防御黑客攻击和数据泄露，保障敏感信息的安全，从而增强国家在国际科技和安全领域的优势。

先进数据存力支持大规模部署和高效管理量子密钥及纠缠态信息，这对量子通信行业的发展至关重要。例如，在银行跨国金融交易中，量子存储器能够安全地存储和传输密钥，确保交易全程的安全性。强大的先进数据存力保证了量子通信网络能够稳定运行，提升了系统的可靠性和安全性，为量子通信技术的广泛应用奠定了坚实基础。

3. 元宇宙

元宇宙通过推动网络通信技术发展、促进技术进步、吸引顶尖人才和创造就业机会提升国家的竞争力。元宇宙是一个融合虚拟现实（Virtual Reality，VR）、增强现实（Augmented Reality，AR）、区块链和互联网技术的数字生态系统，它允许用户通过数字身份在多个互联的数字孪生世界中进行社交、娱乐、购物和教育等活动。元宇宙推动了网络通信技术的发展，6G、VR和AR等技术的集成应用将成为元宇宙的标志性应用场景，为核心技术的进步提供了肥沃的培育土壤，有助于吸引高质量的人才和创造优质的就业机会，从而推动相关技术的创新和应用。

先进数据存力负责存储、备份和分发元宇宙这个巨型数字孪生世界中所有的虚拟形象及活动的数据。先进数据存力不仅支撑着用户在元宇宙中的持续体验，还确保了虚拟环境的稳定性和可靠性。通过高效的数据存储解决方案，元宇宙能够有效管理和处理大量动态数据，从而提升系统的整体性能和用户体验。

4. 脑机接口

脑机接口技术不仅推动了高科技医疗设备的创新，还提升了社会福祉。作为一种通过将人类大脑与计算机直接连接，实现大脑与外部设备交流的技术，脑机接口技术的发展加速了智能科技在医疗领域的突破，改善了残疾人及社会整体的生活质量，从而提升国家在全球竞争中的地位。

脑机接口产业领头羊 Neuralink 公司通过脑机接口技术协助治疗脑损伤疾病，为患者创造更好的未来，这一愿景离不开高效的信号采集和处理，以及深度学习算法的支撑。先进数据存力的进步大大提升了信号处理的速度和精度，使脑机接口能够更快、更准确地解读脑电波，并促进了脑机接口在医疗、广告等领域的应用，例如准确解读脑电波以有效控制假肢、进行神经修复，并辅助诊断和治疗神经系统疾病。

5. 具身智能

具身智能在工业生产、家庭服务等领域，通过代替人类提供高效和高精准度的服务，显著增强了国家竞争力。具身智能是指具有物理实体和感知能力的 AI 系统，其中人形机器人是最具代表性的具身智能形式，它们具有类似人类的身体结构和运动能力，能够在复杂环境中执行任务，与人类互动，模仿人类行为。在工厂环境中，人形机器人替代人工搬运货物，不仅提高了生产效率和工作安全性，还推动了制造业的自动化进程，降低了运营成本。在码头作业中，人形机器人可以高效处理装卸和运输任务，加快物流周转，从而提升国家在国际贸易中的地位。家庭服务领域的人形机器人能够减轻人们的日常家务负担，提高人们的生活质量，同时推动服务业技术革新，创造新的就业机会和经济增长点。

先进数据存力不仅在技术层面上推动了机器人技术的发展，还在商业层面上催生了新的"以数据为资产"的商业模式。在技术层面上，大读写带宽、高 IOPS 和先进的闪存技术使具身智能能够迅速处理和存储大量数据，从而提高其操作精度和效率。在商业层面上，埃隆·马斯克（Elon Musk）指出，人形机器人在工作时存储的数据将会成为企业的重要资产，这进一步凸显了数据存储对优化人形机器人功能及提升其商业价值的重要性。

6. 生物制造

未来生物制造技术通过资源循环利用、提升环保效益和推动技术创新，显著提升了国家的经济竞争力和可持续发展能力。首先，生物制造技术能够有效利用工业废弃物和农林废弃物生产高价值产品，如利用炼钢尾气生产高蛋白饲料和燃料乙醇、利用秸秆生产生物乙醇。这种资源循环利用不仅减少了环境污染，还降低了对粮食的依赖，提升了资源利用效率。其次，生物制造技术的可再生性契合国家的"双碳"目标，有助于实现可持续发展。最后，通过技术创新，我国能够在全球市场中占据先机，形成新的产业优势，从而推动经济向绿色、智能、高效方向发展，并加快工业转型升级进程。

先进数据存力通过高效管理和处理生物数据，推动了生物制造领域的精准研究和自动化生产。例如，在合成生物学领域中，先进数据存力可存储海量 DNA 序列数据，使科学家能够快速分析数以亿计的基因信息，从而优化微生物菌株设计，并应用于生物医药和生物燃料等领域。高效的数据存储与读取能力不仅提高了研究效率，还推动了生物制造工艺的自动化，使复杂的生产过程更加稳定和可控，助力行业快速发展。

7. 未来显示

未来显示产业的技术创新将推动高科技行业的升级、提升国家文化软实力，并增强国家安全和战略防御能力。未来显示产业的技术创新将引领新一轮科技革命，推动电子产品、医疗设备和汽车显示等行业的升级。同时，先进的显示技术将推动媒体、教育和文化产业的发展，提升国家的文化软实力和信息传播能力，并在军事和国防领域提升指挥系统和信息化作战平台的效率，增强国家的战略防御能力。

先进数据存力可以提升未来显示的数据处理能力，支持创新应用，增强设备性能。随着显示技术的进步，数据量大幅增加，先进存储系统能够高效管理和处理这些数据，确保实时、准确地展示复杂图片和视频。此外，这些存储技术支持 VR、AR 等应用，推动了沉浸式体验的实现和动态内容的展示。同时，通过提升存储速度和容量，存储技术改善了显示设备的响应时间和展示的图片质量，增强了视觉效果和用户体验。

8. 未来网络

未来网络技术通过加速数据传输和提升带宽，优化智慧城市、自动驾驶和物联网（Internet of Things，IoT）应用，从而增强国家的科技创新能力。例如，5G 提升了自动驾驶的安全性和效率，而 6G 则通过极高的传输速率和极低的时延，支持智慧城市升级、实时数据处理和无人机应用，从而进一步提升国家的技术实力和全球竞争力。先进数据存力通过优化数据管理和分配，为未来网络的发展提供了关键支持。随着网络架构向"以应用服务为中心"的模型转变，数据存储技术可实现资源的高效调度和管理。通过融合计算和存储资源，先进数据存力将进一步推动未来网络的发展，助力 AI 等前沿技术的应用落地。

9. 新型储能

新型储能技术的发展显著增强了国家电力系统的稳定性，提高了能源利用效率。通过灵活布局和缩短建设周期，新型储能技术，如电化学储能、压缩空气储能和重力储能技术，能够在电力供需不平衡时高效调节电力，支持新能源的开发和消纳，减少对传统化石能源的依赖。此外，新型储能的规模化应用带动了相关产业链上下游的协同发展，加速技术创新与产业进步，从而提升国家在全球能源竞争中的地位。

先进数据存力为新型储能提供了数据管理和分析支持，尤其是在源网荷储一体化发展中发挥了关键作用。高效的存储系统能够实时监控和优化储能设备的运行，管理大规模储能数据，从而提高储能系统的响应速度和稳定性。例如，在湖北省应城市的 300 MW 压缩空气储能电站中，存储系统用于实时监测和管理地下储气库的运行状态，确保了储能系统的高效和安全运行。

3

建设指标体系，保障先进数据存力高质量发展

3.1 发展先进数据存力的六大核心因素

虽然先进数据存力可有效赋能千行百业加速数智化转型，但不同行业企业所面对的情景与业务需求不尽相同。因此，企业应体系化规划并推进先进数据存力的建设，基于正确且全面的认知对先进数据存力进行适度超前的持续投资，以应对智能经济的业务挑战。发展先进数据存力有六大核心因素：容量规划、资源利用率、性能要求、安全可靠与防勒索、方案级 TCO 和 AI 原生应用赋能。

3.1.1 容量规划

当前，中国在数据存力方面存在明显短板，尤其是与数据存力领先国家（如美国、德国）相比，存力充足性明显不足。2023 年，中国存力充足性为 6.4%，而美国与德国的这项数据分别为 10.7% 与 13.4%。这种差距在企业级应用中尤为突出，众多行业普遍面临存储资源不足的问题，且存储规模与业务逻辑的匹配度存在偏差。例如，某汽车行业零部件供应商基于其业务特征，为其 EMS 工厂设定了依据营收额配置相应数据存储容量的标准，这种过于简单的配置逻辑，非常容易导致数据价值未得到充分挖掘和利用。总的来说，提高数据存储配置有三大好处。

首先，更多的存储资源可减少服务器等待 I/O 操作完成的时间，从而可以更高效地利用 CPU 和内存资源。例如，本地的高速存储，如 SSD 和非易失性存储器快速接口（Non-Volatile Memory express，

NVMe）设备，可以加快数据访问速度、减少 CPU 等待时间；更合理的存算比使服务器的存储资源与计算资源更匹配，数据可以在靠近计算的地方存放，从而提升数据的"本地化"程度，加快访问速度，进而提升整体算力资源利用率。

其次，增加存储容量和优化存算比可以让更多的虚拟机或容器在服务器上运行，这些技术需要使用大量的存储资源来存储或记录映像、日志和其他运行时的数据。更大的存储容量允许数据以更高效的方式进行分区和调度，从而减少数据在不同存储设备之间传输的时间，提高数据处理效率。

最后，更大的存力可以实现更高效的备份和恢复策略，以及更强的应对各种突发事件的能力。更可靠的数据存储使计算可以更加持续和高效地进行。减少在备份或数据恢复过程中的停机时间，服务器可以更连续地利用计算资源。

3.1.2　资源利用率

当前，主流数据中心的数据存储设备以"服务器 + 本地盘"的模式为主，这会造成数据存储资源的利用率不高、数据副本的数量过多等问题。由于每台服务器独立管理本地存储，数据副本的数量非常多，增加了存储管理的复杂性和成本。在此背景下，提升存力资源利用率成为一大核心挑战。而先进数据存力所提供的解决方案，就是将存力资源池化作为核心的存算分离架构。在存算分离架构下，海量的专业存储设备之间高速互联，形成了一个巨大的共享资源池，这个巨大的共享资源池能够兼容各种存储协议和通信协议，与北向的算力资源池高速互联，有效提升存、算、运三大 ICT 底座资源利用率。

存算分离是先进数据存力的建设主线之一，也是数据中心架构变革的关键演化趋势之一。对在计算与大数据方面领先的国家及企业而言，存算分离架构已经是大势所趋。例如，在中国，多家领先ICT解决方案供应商已广泛采用存算分离架构，并提供相关解决方案；在美国，硅谷领头羊（如谷歌、亚马逊、微软和Meta等）已在数据中心广泛采用存算分离架构，美国的电商、文娱、物流、生活服务等多个行业的诸多企业也已广泛应用存算分离架构。

存算分离架构有六大优势。一是存储和计算资源可以独立扩展，企业可以根据需求增加存储容量或提高计算能力，而不需要同时增加另一种资源；二是提高维护和升级的灵活性，升级或维护某一部分时不会影响到另一个部分，从而提高系统完成任务的可靠性、减少停机时间；三是优化性能和实现更高的可用性，例如使用更快的存储介质（如SSD）来提高数据读写速度，同时使用更高性能的计算节点来提高处理能力；四是确保数据的完整性和安全性，数据存储在独立的存储系统中，计算节点的故障不会影响数据的完整性和安全性；五是实现负载的优化和分布，可以在网络上分布计算负载和存储负载，优化网络资源的使用，进而实现更高效的网络流量管理，减少网络瓶颈，提高总体系统性能；六是以数据为中心的架构与近存计算等技术，可有效降低网络等资源损耗，让数据"就近处理/计算"。

当前，数据中心在推动存算分离架构的落地时，通常不会一次性对所有软件系统进行转换，而是采用渐进式的策略。例如，先从大模型等核心系统开始，在试点成功后，逐步推广到更多的业务系统和支持系统，通过不断地优化和调整，最终实现全面的存算分离架构。这种策略确保了风险的最小化、资源的合理利用和业务的连续性。

因此，企业应持续投资并加速推动存算分离架构落地。通过持续推动数据中心架构升级、加快培养新型架构的运维人才等举措，保障企业稳步转型与可持续发展。

3.1.3 性能要求

对于核心系统，以全闪化满足千行百业的性能需求已经是大势所趋。从全球范围看，核心系统的全闪化率在 2023 年已达 27%，预计 2027 年可达 35%。以中国为例，主流电信运营商的企业资源计划（Enterprise Resource Planning，ERP）系统与运行支撑系统（Operational Support System，OSS）等核心业务系统基本实现全闪化改造；在金融行业，领先的保险公司的核心保险系统、财务系统等对业务时效性要求高的系统，都采用全闪化方案。又如，上海市青浦区在建设城建管理系统时，要求能够实时动态查看街边影像，以 AI 影像识别和判定违章搭建，该系统的读写带宽要求达到 3 GB/s，IOPS要求达到 300000 次 /s，时延要求不大于 50 μs，平均故障间隔时间（Mean Time Between Failures，MTBF）要求达到 800000 h。全闪化方案可以满足上述性能要求。

对于二级存储系统，数据量呈指数级增长、企业对数据价值的持续挖掘与可靠性要求的提升等因素将推动全闪化。以中国某电信运营商为例，规定节点读写带宽当量达 500 MB/s 时，就必须使用全闪化方案来满足时效性要求。为满足集团提出的二级存储系统 RTO 为2 h 的可靠性要求，该运营商将推动业务支撑系统（Business Support System，BSS）与办公自动化（Office Automation，OA）系统的全闪化。

即使在企业认为性能要求最低的备份场景，因特殊事件数据量的暴增与特殊场景的备份窗口期要求，全闪化也将逐渐成为刚需。例如，在2024年巴黎奥运会长达2周的时间内，某电信运营商OSS的HDD方案无法满足访问量暴增带来的数据备份需求，导致备份用时超出预计的20%～25%。又如，某运营商的洲际软件定义广域网（Software-Defined Wide Area Network，SD-WAN）业务有数据加密需求，为避免HDD方案的备份时间过长带来安全隐患，该运营商采取全闪化备份方案以适配特殊场景的"极速备份"需求。

在追求性能的同时，企业也不应牺牲系统的可靠性。除了采取全闪化介质，企业还应关注快照等用于提升可靠性的高级功能。快照功能可以用于保护数据、防止数据丢失。企业可以定期创建数据快照，以便在遇到数据丢失、损坏或安全事件（如勒索软件攻击）时，迅速恢复到快照时间点的数据状态，从而将损失降到最低，进而有效提升存储系统的韧性。而先进数据存力方案通过优化设计与各种技术手段，可很好地兼顾高性能与可靠性，即存储系统在提供高性能数据访问时，也提供具有可靠性的高级功能，这值得千行百业的组织与企业重点关注。

3.1.4　安全可靠与防勒索

在如今网络环境日趋复杂与数据要素市场快速规模化的背景下，构建主动安全与可靠高韧的存储系统势在必行。

一方面，网络攻击与数据勒索问题已成企业"难以承受之痛"，强化对端到端防勒索的投入势在必行。例如，某电信运营商在建设数据中心时，7%～8%的投资用于构建端到端数据安全，其中2%～2.5%

为数据存储相关安全投入。另一方面，随着数据的要素化与资产化，存储系统的可靠性与韧性也愈发重要。在2030年数据要素市场规模达万亿元、数据资产超10万亿元的背景下，企业以数据资产表为核心，提升净资产额与高质量资产比重，进而优化资产负债表、提升资本市场估值，将成为强化自身竞争力的核心手段。

当前，勒索软件对电力、电信、医疗等包含关键基础设施在内的多个行业的攻击愈发频繁，勒索赎金越来越多，这使得组织对数据存储的防勒索解决方案势在必行，这是一个"必选项"而并非一个"可选项"。

例如，2023年1月，英国皇家邮政遭受LockBit勒索攻击，并被索要8000万美元赎金。由于英国皇家邮政最终未满足黑客的赎金要求，该攻击导致其国际邮件投递服务瘫痪，数百万封信件和包裹滞留在该公司的系统中。1月12日，英国皇家邮政声称网络攻击事件迫使他们停止了国际邮件投递服务。尽管公司聘请了专业机构帮助恢复业务，但遗憾的是，勒索软件攻击的影响一直在持续。英国皇家邮政母公司的财报显示，截至2023年9月，皇家邮政收入同比下降6.5%，下降的原因之一正是勒索软件攻击。

又如，2023年8月，Rhysida勒索软件组织对美国多个州的医院和诊所发动了一系列勒索软件攻击。该组织声称已窃取了1 TB的机密文件和1.3 TB的SQL数据库数据，其中包含约50 GB的患者隐私数据。Rhysida勒索软件组织要求医疗信息系统服务商Prospect Medical Holdings支付赎金以恢复数据，并威胁若不支付将泄露受窃数据。然而，Prospect Medical Holdings拒绝支付赎金，并与执法机构合作进行调查。为了应对此次攻击，他们采取了紧急措施，包括隔离受感染的系统和从备份中恢复数据，恢复过程非常耗时和复杂。

在此背景下，丢失数据就是丢失核心资产，存储系统可靠就是保障核心资产安全。因此，企业需强化对存储系统可靠性的重视，强化对RTO、MTBF 等关键可靠性指标的管理，重视对容灾备份的投资。例如，某电信行业企业要求 OSS 等核心系统每年的故障时间不超过 26 min（即可靠运行时间超过 99.995%），要求极关键节点每年的故障时间不超过 2 min；即使是 OA 系统等非核心系统，也要求每年的故障时间不能超过 8 h（即可靠运行时间超过 99.9%）。

3.1.5 方案级TCO

当前，诸多企业在选择二级存储系统与容灾备份系统时，因侧重降低资本性支出成本而选择 HDD 方案。然而，随着 NAND Flash 芯片的持续更新、数据压缩技术的持续创新，以及全闪化方案对设备运维能力的持续提升，全闪化方案有能力以更高的数据缩减率、更集约化的部署、更自治化的运维与更低的能耗水平，超过 HDD 方案。

例如，在以海量非结构化数据为主且存储设备生命周期为 5 年的场景下，当前全闪化方案的单位容量 TCO 已可与传统 HDD 方案基本持平。当前 SSD 与 HDD 的价格比大概为 5：1。首先，支持数据压缩技术的先进 SDD 方案在数据缩减率方面至少领先传统 HDD 方案 50%。其次，全闪化方案的年度运营成本（Operating Expense，OPEX）相比传统 HDD 方案可下降至少 30%，其原因一是全闪化方案的能耗更低，二是集约化部署使租金下降，三是高度自治化运维使维护、检修等费用降低。全闪化方案与传统 HDD 方案的 TCO 对比如图 3-1 所示。

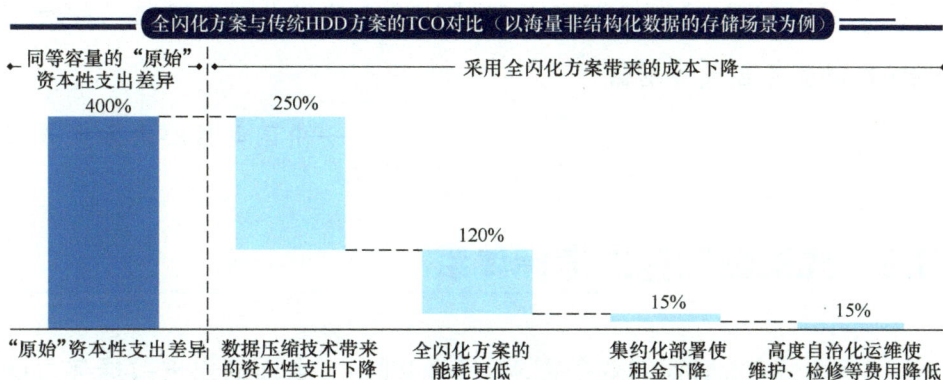

图3-1　全闪化方案与传统HDD方案的TCO对比

此外，企业应明确以方案级 TCO 为单位，在进行二级存储系统及容灾备份系统的选型时不单纯考虑成本，应在结合性能与安全、可靠性要求等因素综合考量后，再进行全闪化方案与传统 HDD 方案的选择，以最大化先进数据存力，保障业务的运行。

3.1.6　AI原生应用赋能

展望 2030，AI 原生应用将是大势所趋。"地基不稳，地动山摇"，如何打牢 ICT 基础设施地基以适配原生 AI 应用时代，成为企业必须思考的一个问题。一方面，以 RAG 向量存储强化推理精确度、提升用户体验，进而实现"以存强算"成为诸多部署大模型企业的共性需求。例如，中国电信在其发布的 2024 年版本的星辰大模型中，就加入核心网、无线接入、宽带接入等系统的最新数据，以强化模型推理能力，带动集团运维能力提升。另一方面，多级 KV Cache（建立"HBM–DRAM–SSD" 3 层缓存机制）可解决多轮对话和长序列场景记忆问题，有效缓解大模型"幻觉"，实现"以存代算"，能很好地应对算力供应链紧缺的挑战，实现 90% 甚至更多的推理成本下降。

万卡时代来临，大模型是实践存算分离架构应用潜力最大的核心

系统之一，万亿级参数使得服务器外挂硬盘的模式不再适用，集约化
SSD 存储资源池成为刚需。

——中国电信解决方案专家

3.2　先进数据存力指标体系

为适配 AI 新时代的业务需求，我们提出了**全面的先进数据存力指标体系**，即"区域发展—数据中心—存储设备" 3 层指标体系。该体系将更好地帮助各个国家厘清现有的发展优势和尚待发掘的空间，助力其加快建设先进数据存力以支撑经济社会高质量发展。该体系可以作为各区域与千行百业的企业评估自身竞争力、建设存力体系的参考。

3.2.1　区域发展层

先进数据存力指标体系的区域发展层指标可用于衡量全球各经济体的先进数据存力发展情况。整体而言，先进数据存力指标体系（区域发展层）沿用了原有数据存力指标体系的**体量、效率、基础保障**与**前沿保障**四大维度，并结合发展先进数据存力的六大核心因素进行了补充和更新。

充足的体量仍是任何区域构建先进数据存力产业的前提和基础，全球数据要素市场快速发展，数据将逐渐演化为全球各经济体的核心资产。因此，在原有数据存力指标体系基础上，先进数据存力指标体系（区域发展层）补充了数据存留率作为核心指标，建议各区域强化对数据要素的挖掘与留存。先进数据存力指标体系（区域发展层）如图 3-2 所示。

根据罗兰贝格的分析结果来看，我国当前的数据存留率仅为 2.8%，

而美国达到了 7.3%，这说明我国对数据要素的挖掘相较美国而言**仍有较大的提升空间**。

指标维度		衡量范围	指标名称	计算公式	单位
体量	充足	·衡量数据存储体量与数字经济发展程度、数据产生量的匹配程度，反映对数字经济的支撑力度	单位GDP存储容量	·数据存储设备容量/当年GDP	GB/万美元
			数据存力充足性	·总体可用存储容量/当年区域内数据产生量	
			数据存留率	·(区域内存力供应×被保存数据存力资源占用率)/区域内数据产生量	
	增长	·衡量投入能否保障存力增速匹配数据生产要素增长，并支持前沿技术部署以持续提升存力竞争力	存力投资增长率	·(数据存力扩建容量/去年数据存力扩建容量)-1	
效率	平衡	·衡量算力、存力资源发展的协同，从而提升数据基础设施的整体利用效率	存算比	·数据存储容量/数据算力体量	GB/GFLOPS
	敏捷	·以数据存储领域闪存的部署为代理指标，衡量存力是否能满足数字化对于数据的保持和调用效率的要求	闪存占比	·闪存相关产品的投资额/数据存力总投资额	
基础保障	可靠	·安全、稳定是数据存储的基础要求，该指标用于衡量是否能应对各类意外，保证数据不丢失、业务不中断	灾备覆盖率	·容灾备份投资额/数据存力总投资额	
前沿保障	绿色	·衡量数据基础设施的能耗，从而评估其对环境的影响	单位存储容量能耗	·数据中心存储设备能耗/已有数据存力的存储容量	kW·h/TB
	先进	·该指标用于衡量是否有持续的技术研究投入以支持对先进生产力的探索	数据存力专利占比	·本土企业申请的数据存力专利数量/全球数据存力专利数量	

图3-2　先进数据存力指标体系（区域发展层）

3.2.2　数据中心层

在数据中心层的先进数据存力建设上，建议企业在原有指标体系上，额外关注**数据覆盖率**、**维保期内设备占比**、**存算解耦架构比**及**智能计算存算比**。先进数据存力指标体系（数据中心层）如图 3-3 所示。

首先，**高数据覆盖率**代表企业能够更全面了解和管理其所有数据资产，能够对本企业的单个 / 多个数据中心的数据进行统一管理的指标，这对企业的数据治理、合规性和安全性管理等至关重要。

指标维度		衡量范围	指标名称	计算公式或说明	单位
体量	存量	• 反映数据中心提供的总体存力对于业务产生各类数据的有效保存和支撑的能力	数据中心存储容量	• 各类存储设备容量之和	EB
			数据存力充足性	• 存储容量/企业预计高峰数据量	
	增量	• 衡量投入能否保障存力增速匹配数据生产要素增速，并支持前沿技术部署以持续提升存力竞争力	存力投资增长率	• 当年数据存力投资额/去年数据存力投资额-1	
效率	平衡	• 衡量算力、存力资源协同发展，提升数据基础设施的整体利用效率的能力	通用存算比	• 已有数据存储容量/已有数据算力总量	GB/GFLOPS
			智能计算存算比	• 智能计算场景中有效数据存储容量/有效数据算力总量	
			存力使用率	• 已占用存储容量/总可用存储容量	
	敏捷	• 通过数据存储领域先进闪存的部署来更好地满足数字化对数据的保存和调用效率的要求	闪存占比	• 闪存相关产品的投资额/数据存力总投资额	
			数据覆盖率（数据管理）	• 数据地图已映射数据资产数量/全部数据资产数量	
			维保期内设备占比	• 维保期内存储设备容量/数据中心内总存储容量	
基础保障	可靠	• 反映企业防御数据破坏性事件，并在事后快速恢复的能力	灾备覆盖率	• （容灾备份软件投资+备份存储投资）/全部存储投资	
			事后 RTO	• 从故障发生导致业务停顿之时起，到IT系统恢复至可支持各部门运转、恢复运营为止所需的时间	h
			事后 RPO	• 故障发生后数据可以恢复到的时间点	h
	经济	• 衡量企业在存储上投入的成本，涵盖除存储设备之外的人工、能耗等TCO	单位存储拥有成本	• 总体拥有成本/存储容量	$/GB
前沿保障	绿色	• 评估数据中心综合能耗水平和可持续发展能力	存储设备能耗水平	• 数据中心存储设备总能耗/有效容量	kW·h/GB
	智能	• 评估存储对数据中心智能化的支持力度	智能存储功能丰富度	• 数据加密、审计日志、快照、异步复制、元数据检索等，根据客户具体需求进行满足	
			存储API开放程度	• 已开放API/所有可用API	
	架构	• 衡量在存算分离架构的创新趋势下，存储支持多元化算力的能力	存算解耦架构比	• 存算分离架构容量当量/存储总容量	

图3-3 先进数据存力指标体系（数据中心层）

其次，关注**维保期内设备占比**可使企业很好地掌握自身数据存储设备的资产健康度。通常，数据存储设备最多使用 5 年就应更换，在使用期内也应定期关注资产健康度，而不应"一直用到坏为止"。在数据要素市场快速发展、数据成为新生产要素与可交易高价值资产的背景下，企业在建设先进数据存力时不应过于关注成本，因为**丢失数据就是丢失企业的核心资产，这将损害企业的核心竞争力**。

再次，存算解耦作为现代数据中心架构设计的一种关键趋势，也值得组织重点关注。**存算解耦架构比**的提升，首先能够显著提升各区域 ICT 基础设施的利用率。存算解耦通过提升资源利用率和赋能算力多元化发展，有效缓解了算力产能紧张的问题，为数据要素市场的快速发展提供了坚实的支撑。同时，它也为企业保持核心竞争力和持续创新提供了有力保障。

最后，**智能计算存算比**作为评估智能场景下数据存储和数据处理算力匹配度与效率的关键指标，也应得到企业的重视。建议企业综合考量硬件架构（如是否采取存算分离）、数据类型与规模，以及应用场景等因素的影响，在不同的场景下做出合理的存算比配置。例如，图片和视频数据通常需要大量的存储空间和强大的数据处理能力。

以多模态大模型为例，当前美国在部署典型多模态大模型时，存算比通常在 1∶10 以内，这在智算场景下相对合理，而我国普遍高于1∶40，这一现象值得关注。加速对先进数据存力的建设，以优化存算比，利用大模型"博闻强记"的优势实现大模型推理精度的显著提升与推理成本的显著降低，是我国强化 AI 产业实力，打造具备国际竞争力的 AI 产品的一大机会点。

3.2.3　存储设备层

在存储设备层的先进数据存力建设上，建议将原有的**单位容量价**

格（存储费用/容量）改为**单位容量TCO**（存储系统TCO/容量），以综合考量先进数据存力解决方案的软硬件特征（如先进介质、高密盘框等）对单位容量TCO的影响，加速先进数据存力产业的规模化发展。先进数据存力指标体系（存储设备层）如图3-4所示。

指标维度		衡量范围	指标名称	计算公式或说明	单位
体量	可用容量	·衡量容量的充足性能否满足生产活动中的数据存储需求，是对上层数字化支撑能力的反映	原始容量	·存储系统配置的物理容量	PB
			可用容量	·原始容量−（用于RAID保护的容量+元数据的容量）	PB
			有效容量	·可用容量×（写入系统的数据量/占用的容量）	PB
			存力体量效率	·（有效容量+可用空闲容量）/原始容量	
	可扩展性	·有合理的办法应对业务数据量的增长，轻松扩容	扩容设计预留量	·预留节点×单个节点硬盘数量×各硬盘容量	PB
效率	性能	·评估数据存力在具体的数据读写中的表现，衡量其对于业务产生的各类数据应用需求的满足水平	IOPS	·1/（寻道时间+旋转时延）	
			读写带宽	·IOPS×I/O大小	MB/s
			响应时间	·等待时间+服务时间（读写耗时）或（队列长度+1）×平均响应时间	s
基础保障	可靠	·产品较少或不出现故障，能持续地支持业务的能力	MTBF	·每两次相邻故障之间的工作时间的平均值	d
			MTTR	·将有缺陷的部件或系统恢复工作秩序所需要的平均时间	h
			可用度	·MTBF/(MTBF+MTTR)	
	经济	·衡量企业在存储设备上的投入费用	单位容量TCO	·存储系统5年TCO/容量	$/GB
前沿保障	异构兼容性	·在复杂的数据中心架构下，存力能否支持不同的操作系统、管理程序、应用软件；需要基于数据中心的具体需求进行规划，并非支持越多越好	支持的存储协议	·CIFS、NFS、iSCSI、FC……	
			连接方式	·SAN、NAS、DAS	

图3-4 先进数据存力指标体系（存储设备层）

3.3　全球部分区域先进数据存力发展程度对比

本节将介绍我国与部分国家在先进数据存力发展程度上的差异。在体量上，我国与欧美国家存在差距，存力投资增长率也低于部分发展中国家，难以满足高质量发展需求。在效率上，我国存算比（通用计算）有提升空间，闪存占比较低，存力敏捷性需增强。在基础保障上，我国对存储灾备投入不足，需要加强数据中心的安全性和可用性。在前沿保障上，我国单位存储容量能耗排名靠后，需要加速全闪化进程，探索降能耗的解决方案，实现可持续降碳目标。我国数据存力专利占比仅次于美国，但在专利总数量和高价值专利数量上与美国仍有差距。

3.3.1　体量对比

指标 1：单位 GDP 存储容量

（1）指标解释与结果展示

存储容量是人们对数据存力最基础的认知之一。考虑到经济体量较大的国家往往会拥有较大的存储容量，为确保不同国家之间具有可比性，这里在计算存储容量时采用单位国内生产总值（Gross Domestic Product，GDP）存储容量，即用数据存储设备容量除以当年 GDP。每一万美元 GDP 对应的存储容量越高，表明该国的存储容量水平越高，该国数字经济在 GDP 中的渗透程度越高，该国数据存储能更好地支撑经济社会高质量发展。部分国家 2019—2023 年平均单位 GDP 存储容量如图 3-5 所示。

（2）指标结果分析与典型案例

结果显示，新加坡、瑞典、德国、捷克等国家的单位 GDP 存储容量较高，分别达 37.26 GB、35.76 GB、33.66 GB 和 32.82 GB，数据存储在这些国家的经济社会发展中发挥的支撑作用较为明显。中国、日本、法国等国家的单位 GDP 存储容量处于中间水平，约为样本国家的中位数（即 20～26 GB），巴西、墨西哥等发展中国家的单位 GDP 存储容量排名则较为靠后。

图3-5　部分国家2019—2023年平均单位GDP存储容量

从 2021 年到 2023 年，不同国家的单位 GDP 存储容量呈现出不同发展趋势。一方面，全球主流国家的存储容量在 2021—2023 年这两年间至少增长了 15%，这表明全球主要区域及国家对存储容量高度重视且持续投入。另一方面，部分国家受到通货膨胀等因素影响，导致名义 GDP 增速高于实际存储容量投资增速。例如，巴西名义 GDP 在 2021—2023 年增长了约 24.8%，但同期通货膨胀率也在显著增长，巴西在 2021—2023 年的通货膨胀率分别为 10.6%、5.8%、4.6%，存储容量投资增长高于实际经济增长。

指标 2：数据存力充足性

（1）指标解释与结果展示

数据存力充足性衡量的是数据量需求和存储容量供给之间的匹配关系，计算公式为总体可用存储容量除以当年区域内数据产生量。这个指标可以衡量一个国家或区域当年所产生的所有数据中，可以被存储数据的占比，占比越高，表明该国或区域的数据存力越充足，越能支撑其经济社会的高质量发展。部分国家数据存力充足性如图3-6所示。

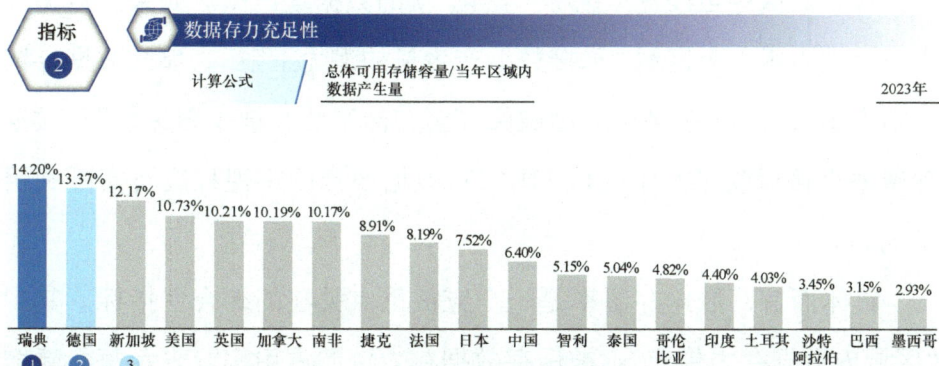

图3-6　部分国家数据存力充足性

（2）指标结果分析与典型案例

2023年数据存力充足性排名前三的国家为瑞典、德国和新加坡，数据存力充足性分别为14.20%，13.37%和12.17%。全球数据产生量在快速增长，存储容量供给增速相对较慢，因此数据存力充足性出现下降趋势。随着音频、视频、图片等非结构化数据量的快速增长，对安全、可靠、高性能数据存储方案的需求也将持续增加。

例如，德国自2021年开始就通过了一系列联邦政府数据战略（如欧洲云计划"Gaia-X"），强调围绕数据安全存储、处理和共享的基础设施建设，加强欧洲数字主权。该数据战略有效刺激了数据存储产业建设需求的快速增长。

2023年，中国的数据存力充足性为6.40%（2020年为8.90%），数据存力尚不充足。对比同期美国的数据可发现，中国的数据存力供应起步晚、基数小，尚不充足，增长速度仍相对较慢。

指标 3：数据存留率

（1）指标解释与结果展示

数据存留率用于测算在单位时间内，一个区域内产生的总数据量中，被有效保存至硬盘（也称"盘化"）的数据量占比。如果说数据存力充足性表示一个区域"承接数据产生量的潜力上限"，那么数据存留率则表示该区域"有多少数据被保存至存储系统并被妥善保管"，数据存留率直接反映了一个区域 / 国家对数据要素的重视程度及实际利用情况。

具体而言，数据存留率是一个应被重点关注的综合性指标。其中"区域内数据存力供应 × 被保存数据存力资源占用率"表示每年新增被盘化的数据量，受数据保存策略、数据生命周期管理策略等因素影响。**总的来说，我们认为数据存留率的重要性来自以下两方面。**

一方面是深化对历史数据价值的挖掘，从而提升社会福祉、保障民生民权、使能产业发展。例如，在德意志博物馆、德国国家图书馆和德国联邦档案馆保存的极具历史和文化价值的纸质文件会被永久电子化保存，以便历史研究以及公众查询；又如，德国公司的股东会议记录、董事会决议等数据，需要电子化保存至少 10 年，以强化公司治理并确保法律合规性。

另一方面是挖掘并存留更多的数据供 AI 发展使用，从而加速数智时代的到来。当前，以大模型为代表的 AI 模型更多是学习正确的结果（即"经验"）。在未来，以数据为"燃料"的 AI 应用可以通过学习错误的结果（"教训"）及过程数据，加速通用人工智能（Artificial General Intelligence，AGI）的到来。

正如图灵奖得主、谷歌前副总裁杰弗里·辛顿（Geoffrey Hinton）

曾做过的一个实验，在训练一个识别手写数字的小型神经网络时，辛顿故意让 50% 的样本只包含错误的标注结果。但当他基于该数据集，使用反向传播算法（Back Propagation Algorithm）训练时，神奇的事情发生了：在识别新的手写数字时，这个小型神经网络给出的答案的错误率降到了 5% 以下。这意味着，这个小型神经网络"意识"到训练数据集本身是有问题的，它已具备了一定的分辨能力。辛顿后来感叹道："使用错误的训练数据，可能反而能让 AI 达到更好的效果，正如聪明学生如果知道老师讲的知识中，有一半可能并不那么准确，他就能够通过学习与反思比他的老师更聪明。AI 也是如此。"

大胆展望未来，除了错误的数据，AI 模型也可能通过对过程数据的学习，在执行任务时做到不仅能"知其然"，还能"知其所以然"。例如，随着敏捷开发成为趋势，开发者的代码也被分为成功提交到主干且符合公司编码要求的正确代码，以及未成功提交到主干的过程代码。通过全盘学习正确代码与过程代码，辅以海量数据输入与先进算法架构，AI 模型有条件真正理解敏捷开发全过程，从而具备检查过程代码，乃至生成正确代码的能力。部分国家数据存留率如图 3-7 所示。

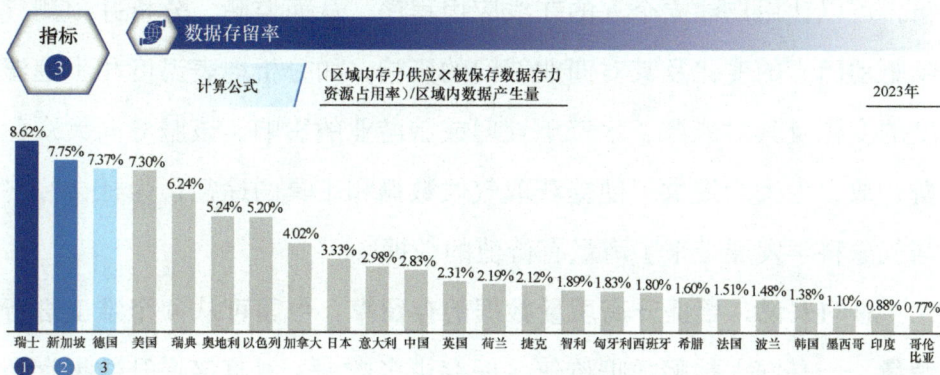

图3-7 部分国家数据存留率

（2）指标结果分析与典型案例

中国的数据存留率仅为 2.83%，落后于瑞士、新加坡、德国等国（8.62%、7.75% 和 7.37%），也不及美国的一半。数据存留率的计算过程涉及国家的存储容量供应、企业级数据存力充足性、生产数据周转率等要素，数据存留率应当被视作一个综合性指标。中国的该指标反映出我国综合存力水平较弱、进步空间大，与世界数据存储强国依旧有较大差距。

中国的数据存留率与欧美等国有差距，核心原因在于潜在有价值的数据尚未在存储系统中留存。而数据不被组织保存的核心原因是，数据价值未得到充分挖掘，难以赋能决策。随着数据要素市场的规模化发展及大模型对海量高质量数据的需求的增加，千行百业势必会强化对数据价值的深度挖掘，高质量数据的留存诉求将增加。

例如，在气象预测领域，欧洲中期天气预报中心（European Centre for Medium-Range Weather Forecasts，ECMWF）早在 2018 年就启动了欧洲气候数据存储（Climate Data Store，CDS）服务，用于一站式提供过去、现在和未来的气候信息。具体而言，CDS 服务包含一个工具箱，可以让用户建立个人的在线应用程序，从而监测、分析并预测气候驱动因素的变化及其对商业部门的影响，如分析地表温度和土壤湿度的变化及其对能源、水资源管理或旅游业的影响。该服务向大众免费开放，为大众提供了便捷获取气候数据和工具的途径，为社会经济与气象科学发展带来了海量有价值的数据。

总的来说，要提升高质量数据的存留率，中国可从 4 个维度进行考量。一是深入挖掘数据价值，保存更多数据，以直接提升数据存留率；二是在重点行业围绕核心应用（如金融、电信、政务等行业的核心业务系统）加速落地存算分离架构，强化构建共享存力资源池，以间接提升被保存数据的存留率，减少"服务器 + 本地盘"的存算一体架构带来的冗余数据备份，排除被保存数据的存力资源占用率中的"水分"，使能高质量发展；三是持续以大模型等创新型应用为牵引，强化对数据价值的挖掘，提升热、温数据占比，进而带动数据周转率的提升；四是通盘考量热、温、冷数据生命周期（即热、温、冷数据的存储周期）管理策略，确保具有较高安全等级的数据得到足够长的时间的留存，而非一味追求高数据存留率，致使关键或高敏感业务数据存储周期过短。

在引导数据存留率的提升上，政府不应简单地将数据存留率视作企业内部管理行为的体现，而应积极发挥引导作用，"有为而治、主动引导"。首先，政府应积极引导数据要素市场发展，加速完善数据要素的确权、定价机制，使能数据在不同组织间的有序流通与交易，从源头上提升企业挖掘、留存数据的积极性，促使企业将数据视作"核心资产"。其次，政府应强化大模型等 AI 应用在政务、金融、电信等行业的部署，促进"智能涌现"（Intelligent Emergence），加强对数据要素价值的深度挖掘，实现从"人力头脑风暴数据挖掘"范式到"硅基智能体自适应数据挖掘"范式的转变。政府还应针对各个行业出台数据分级管理机制，推动更多组织保存日常数据。例如，英国国民健康服务（National Health Service，NHS）采用了电子健康记录系统，患者的病历保存时间受到一系列法律法规和指导方针的约束（如 X 射线及其他放射影像的保存时间通常与病历的保存时间一致，大多为最少8 年）；又如，荷兰的医院与诊所遵循严格的法律规定，确保 X 射线影像能长期存储（可长达百年）。最后，政府可规定敏感、重要数据的存储周期要求，避免企业一味追求过高的数据存留率而忽视对敏感、重要数据的保护。例如，德国要求所有本国企业至少将商业信函与员工记录保留 6 年，相比之下，中国的要求不如德国的严格，企业仅需要将终止的劳动合同信息保留 2 年。

指标 4：存力投资增长率

（1）指标解释与结果展示

存力投资增长率指的是存储容量投资的年增长率，用于衡量各国增长动能。高存力投资增长率体现的是各国在已有存力规模上的追加投资增速。部分国家存力投资增长率如图 3-8 所示。

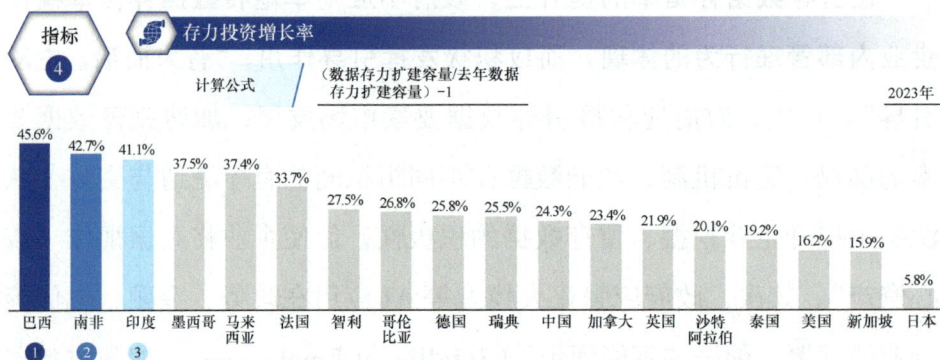

图3-8　部分国家存力投资增长率

（2）指标结果分析与典型案例

巴西、南非等发展中国家的存储市场增长迅速，存力投资年增长率均超过 40%。巴西政府重视数据中心的发展，将其视为银行等多行业发展的重要推力，宽松的环境也吸引了针对性的投资。2017 年以来，谷歌已经在巴西持续投入建设 ICT 基础设施、加强存力投资，并将在圣保罗等地继续投资。

中国 2021—2023 年的存力投资增长率仅为 24.3%，与 2017—

2019 年 44.7% 的增长率相比出现较大滑落。此外，中国存力扩建容量投资仍有相当一部分来源于二级存储系统 HDD 的规模增长；相比之下，同为发展中国家的巴西和南非，在 2019—2023 年针对 SSD 的投资增长率超过 55%。

3.3.2　效率对比

指标 5：存算比（通用计算）

（1）指标解释与结果展示

存储和计算均为数据基础设施的重要组成部分，通过计算存算比（即数据存储容量除以数据算力体量）可以评估数据中心建设的平衡性，避免因为存力的短缺造成算力的冗余。随着"数据为王"时代的到来，人们对数字应用的关注重点也从追求计算算力转变为追求大数据处理能力，单纯的数据算力无法支撑整个数据中心的运营，还需要与之匹配的数据存储容量。部分国家通用计算存算比如图 3-9 所示。

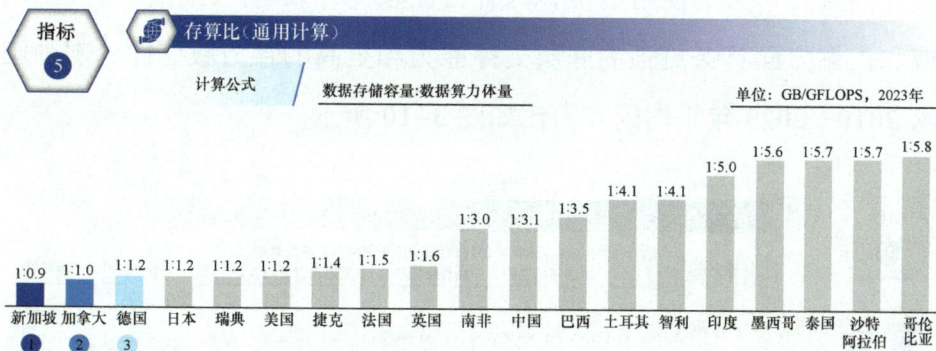

指标 5　存算比（通用计算）

计算公式｜数据存储容量:数据算力体量｜单位：GB/GFLOPS，2023 年

国家	存算比
新加坡	1:0.9
加拿大	1:1.0
德国	1:1.2
日本	1:1.2
瑞典	1:1.2
美国	1:1.2
捷克	1:1.4
法国	1:1.5
英国	1:1.6
南非	1:3.0
中国	1:3.1
巴西	1:3.5
土耳其	1:4.1
智利	1:4.1
印度	1:5.0
墨西哥	1:5.6
泰国	1:5.7
沙特阿拉伯	1:5.7
哥伦比亚	1:5.8

图3-9　部分国家存算比（通用计算）

（2）指标结果分析与典型案例

在通用计算存算比指标表现较好的国家中，新加坡作为亚太地区

的数据枢纽，是多个全球 ICT 解决方案供应商，例如谷歌、微软等区域总部的所在地，该国政府推出了如"智慧国家 2025"等一系列政策，以激励 ICT 基础设施建设。

据预测，全球年均算力将在 2030 年达到 3.3 ZFLOPS，与 2020 年相比增长 10 倍，这意味着全球年均算力将在这 10 年间呈现出约 25% 的年复合增长率。中国作为拥有全球第二的算力，将 AI 产业作为未来核心产业且 AI 产业应用潜力最大的国家，对算力（尤其是 AI 算力）的需求量必定不低于 25%。2021—2023 年，中国算力年复合增长率为 25% 左右，这意味着算力配置仍有一定增长空间，中国同期存力年复合增长率仅为 11.5%，存力配置进一步增长的空间更大。

指标 6：闪存占比

（1）指标解释与结果展示

全闪化是业内升级演进的重要趋势，通过计算各个国家闪存相关产品的投资额占数据存力总投资额的比例，可以进一步分析各国对敏捷、高效生产力的使用情况，闪存占比越高，表明该国在快速数据调取和挖掘方面具备更强的底层支撑能力和更高的存力敏捷性。部分国家 2019—2023 年平均闪存占比如图 3-10 所示。

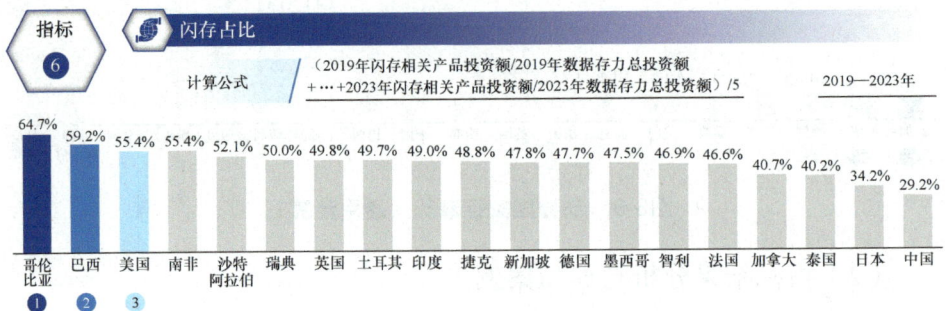

图3-10　部分国家2019—2023年平均闪存占比

（2）指标结果分析与典型案例

闪存相对于传统 HDD 具有更快的响应速度和更大的容量，近年来，随着市场竞争的加剧，闪存价格正在逐步下行。2019—2023 年，中国闪存相关产品的投资额仅占数据存力总投资额的 29.2%，在世界范围内处于较低水平。排除小基数的影响，美国仍然是当前世界范围内闪存占比指标表现最好的国家之一。如此看来，中国企业需要更积极地挖掘数据价值，提升热、温数据比例，从源头提升对先进介质的需求；同时，中国企业还需要积极关注 SSD 在方案级 TCO 上的表现，如低碳带来的运营成本下降，而非仅聚焦在 SSD 与 HDD 在资本性支出上的对比。

2019—2023 年哥伦比亚的闪存占比处于世界领先地位。哥伦比亚的数据中心产业持续蓬勃发展，尤其在电信、电子政务、智慧城市、金融等关键行业或领域持续加码先进闪存介质的应用。例如，Claro Columbia、Movistar Columbia 等电信运营商在其数据中心内积极应用全闪化数据存储解决方案。又如，金融等行业需要实现快速交易、实时分析，并保障敏感数据安全，这也使国家加大了对于先进介质的投入，因此哥伦比亚的闪存占比保持世界领先。

领先国家闪存占比高的核心原因，主要在于自动化程度更高的应用系统对 SSD 全闪化方案提出的刚性需求，以及在选择数据存储方案时对方案级 TCO 的重视。一方面，自动化程度更高的应用系统对数据处理速度和效率有极高要求，这推动了对 IOPS 和读写带宽等高性能指标的需求的增加；另一方面，当前全闪化方案的 TCO 在诸多场景的相同条件下与 HDD 方案相当甚至更优，对方案级 TCO 的重视也使领先国家更倾向于使用全闪化方案。

3.3.3　基本保障对比

指标 7：灾备覆盖率

（1）指标解释与结果展示

容灾备份投资是衡量可靠性的关键指标，充足的容灾备份能有效应对各类网络攻击和意外。灾备覆盖率是指数据存力总投资中容灾备份投资的占比。更高的灾备覆盖率意味着企业能将更多的业务数据存储更长的时间，从而提升数据的安全性和可用性。部分国家灾备覆盖率如图 3-11 所示。

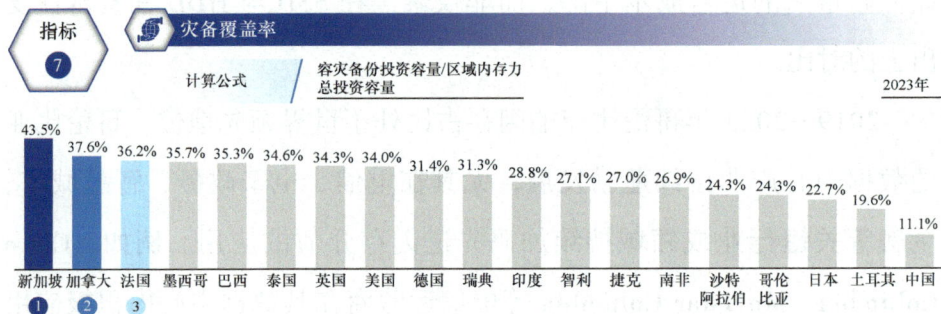

图3-11　部分国家灾备覆盖率

（2）指标结果分析与典型案例

从样本数据来看，数据存储的灾备覆盖率仍低于预期。新加坡、加拿大和法国的灾备覆盖率（分别为 43.5%、37.6%、36.2%）最高，表明这些国家的数据在应对各类网络攻击和意外时的韧性较高。而中国的灾备覆盖率（11.1%）相对较低，说明中国对存储灾备的投入严重不足，一旦发生突发事件可能会造成较大损失。

2024 年 4 月，中国工业和信息化部发布的《关于做好 2024 年信息通信业安全生产和网络运行安全工作的通知》中提到，现阶段应"增强容灾备份能力""加大投入保障。各企业要加强统筹规划。"目前，中国容灾备份等级最高的金融业仅达到 4 级（美国已拥有多个 6 级存储区域），大部分行业的容灾备份等级仍处于 1～2 级存储区域，可见，未来中国存储灾备行业有巨大的增长空间，政府需要采取强有力的措施，使容灾备份在关系国计民生的各个行业中发挥其应有的风险防控作用。

新加坡为数据中心产业、金融服务与金融科技产业等国家关键战略产业提供了安全、稳定的数据存储方案。新加坡对数据容灾备份的重视和显著投资，旨在保护其重点产业，许多产业的数据中心直接采用了 Tier 3 和 Tier 4 的灾备需求。

2020—2023 年，日本推出了一系列政策以提升灾备覆盖率和加强灾害管理，提高灾害管理效率。法国通过经济复苏计划（France Relance）提升了灾备覆盖率，特别是通过对数字化和绿色技术的投资提高了数据中心的安全性和可持续性。

3.3.4 前沿保障对比

指标 8：单位存储容量能耗

（1）指标解释与结果展示

存储设备的碳排放与其日常使用过程中的能耗直接相关，在评估绿色指标时，通过计算数据中心存储设备能耗／已有数据存力的存储容量，来比较不同国家存储设备的绿色性。单位存储容量能耗越低，则代表数据存力碳排放越低，更能支持社会实现节能减排目标。部分国家单位存储容量能耗如图 3-12 所示。

指标	单位存储容量能耗		
8	计算公式	数据中心存储设备能耗/已有数据存力的存储容量	单位：kW·h/TB，2023年

英国 158 ① / 美国 186 ② / 捷克 218 ③ / 德国 253 / 瑞典 268 / 法国 270 / 加拿大 293 / 日本 302 / 新加坡 347 / 哥伦比亚 393 / 智利 417 / 中国 470 / 土耳其 502 / 南非 584 / 墨西哥 591 / 泰国 718 / 印度 1017

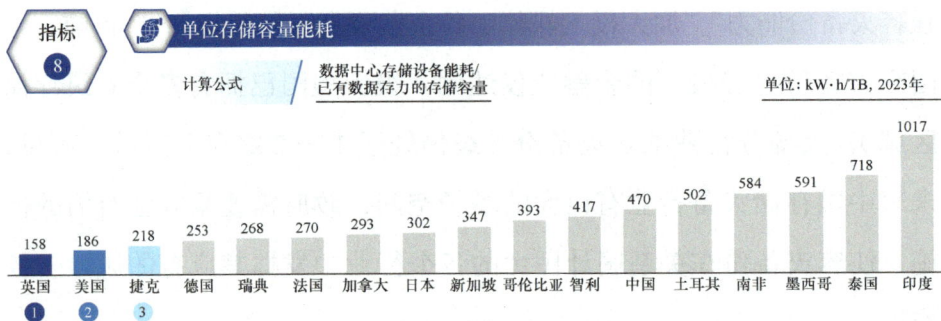

图3-12　部分国家单位存储容量能耗

（2）指标结果分析与典型案例

根据罗兰贝格咨询统计，截至2023年，全球主要国家的单位存储容量能耗都呈现出下降的趋势，**核心原因是各国闪存占比的提高与对数据中心绿色发展解决方案投入的加大。**总体而言，当前数据存储行业正向低碳、高效转型。从排名来看，英国、美国、捷克、德国、瑞典和法国的单位存储容量能耗较低，而南非、墨西哥、泰国和印度较高。

中国的单位存储容量能耗有一定程度的下降，但整体而言，降幅相对美国、德国等仍有一定差距，主要的原因之一是闪存占比的提升程度较低。2019—2023年，在中国对数据存储的投资中，仅29%用于闪存投资，相比之下，德国、新加坡、英国、美国与印度等国的闪存投资占比均高于50%。尽管国内部分数据中心在积极尝试创新型解决方案（如创新型冷却系统），但提升闪存占比是降低存储设备能耗更本质、更有效的减排方案。

为持续降低单位存储容量能耗，中国需要采取两方面的措施。一方面，应优化全闪化流程，从源头降低存储设备的能耗水平；另一方面，应在数据中心层面探索降低能耗的解决方案，如创新型冷却系统、数据中心智慧运维方案、引入可再生能源等。通过双管齐下，实现可持续降碳目标。

指标 9：数据存力专利占比

（1）指标解释与结果展示

数据存力相关专利不仅体现了科技创新水平，还能帮助企业增强市场竞争力。本书统计了 2023 年全球与数据存储和存储器相关的专利申请数量，并按照申请人注册地进行划分。部分国家数据存力专利占比如图 3-13 所示。

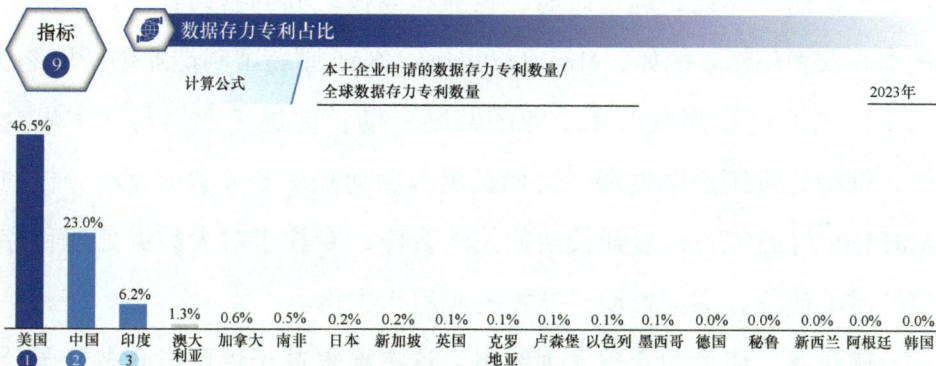

图3-13 部分国家数据存力专利占比

（2）指标结果分析与典型案例

2023 年，全球与数据存储和存储器有关的专利申请数量超过 28 万。从专利数量上来看，美国始终保持世界范围内的领先优势，**中国在 2023 年已显现追赶劲头，但总量上与美国仍有差距。**

在高价值专利领域，中国和美国的差距十分显著。 2023 年，美国超过 30 万美元的高价值专利申请数量超过 2.7 万份，占其总专利申请数量的 20% 以上。相比之下，中国基本没有高价值专利申请。这表明在尖端存储领域的创新上，中国与美国仍存在较大差距。一方面，美国的高价值专利主要由高科技公司贡献，这些公司主要是谷歌、英特尔、Sonos、苹果等，这些专利的关键内容涉及服务器架构、存储网络、存储池等技术领域。另一方面，就美国的专利申请环境而言，参与者多元化、内容均衡，前10名专利申请人仅贡献了全部专利申请数量的10%，相比之下，中国的前10名专利申请人贡献了近20%的专利申请数量。

美国的领先优势源于其强大的研发基础、充足的资金支持、丰富的人才储备和完善的知识产权保护体系。特别值得一提的是，美国实现了产学研一体化，通过政府、企业和高校之间的密切合作，促进了技术研发和创新。例如，Manufacturing USA（原美国制造业创新网络）组织计划通过联邦政府和企业的共同资助，促进工业界与学术界合作，推动先进制造业发展。又如，美国加利福尼亚大学伯克利分校的AMPLab与戴尔公司展开长期的技术合作，专注于对大数据处理和存储技术的研究，共同推动了技术的应用和优化。

在亚洲，印度的表现尤为突出，这主要得益于近两年众多跨国公司在印度申请专利。例如，2023年印度的前10名专利申请人中有7家是大型跨国公司，如 Qualcomm、小米、三星等，且这7家公司贡献了印度整体专利申请数量的25%。

3.4　全球存力高阶发展的建议

根据存力充足性和闪存化率全球存力发展阶段可细分为4类：普惠闪存型、充足传统型、精益聚焦型和后发渐进型。本节将以美国、加拿大、巴西、中国为典型样例，阐述不同细分类型的差异点和后续发展方向。各国在构建先进数据存力产业中展现出差异化，可将这些国家分为强应用型国家、产研型国家和全栈型国家。以德国、新加坡、美国和韩国为典型案例，对这 3 种类型的存力发展特征及关键成功要素进行梳理和总结，以期形成可借鉴的经验供其他区域参考。

3.4.1　全球存力发展现状

由于不同国家与区域所处的发展阶段不尽相同，按照**存力充足性**与**闪存化率**两个维度对存力的充分性和先进性进行评估，可以将全球国家与区域细分为 4 种类型：普惠闪存型、充足传统型、精益聚焦型与后发渐进型。部分区域存力发展分类和典型代表如图 3-14 所示。

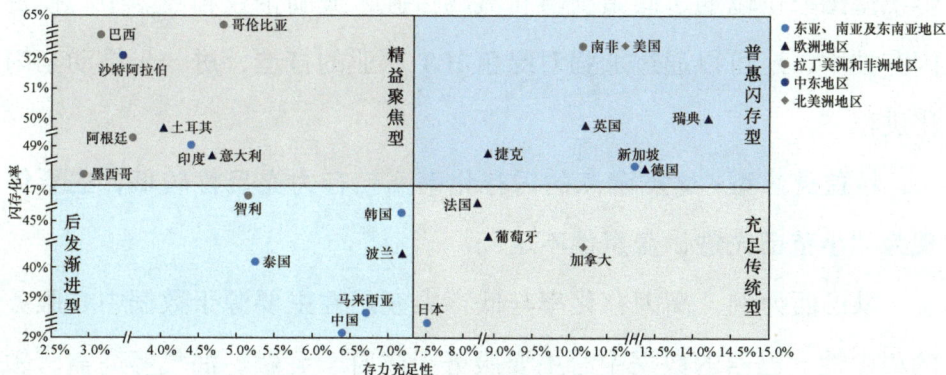

图3-14　部分区域存力发展分类和典型代表

普惠闪存型：这类国家的存力充足性及闪存化率均较高，通过占据全球存储产业领先地位、出台激励与规范政策、推动联合创新及鼓励头部企业采用先进存储方案，全面发展先进数据存力产业。

以美国为例，美国的高存力充足性和高闪存化率得益于政府的高度重视和财政支持。通过产学研一体化，企业与国家实验室共同推动先进存储技术研发。此外，工业界对先进存储方案的积极应用，如英伟达在 AI 基础设施中应用了全栈化解决方案，进一步提升了美国的存力水平。未来，美国将继续在存储技术创新、数据安全与可持续性及国际合作方面发力，巩固其在全球存储产业中的领导地位。

充足传统型：这类国家的存力充足性处于世界领先地位，但闪存化率低于全球平均水平。这类国家通常已具备较好的数据中心产业基础，但该国内的存力升级速度有待进一步提高。

以加拿大为例，加拿大的存力充足性得益于广泛分布的灾备覆盖的发展，但由于其经济体属于资源型，数据密集型产业相对较少，闪存化率仅为 29%，低于世界平均水平。未来，以加拿大为代表的充足传统型国家可以通过政策支持和激励措施，鼓励企业和数据中心投资闪存技术，还可以通过加强对绿色 ICT 产业的打造，进一步推动全闪化进程。

精益聚焦型：这类国家的闪存化率高但存力充足性较低，主要体现为"小范围先进、普惠性不足"。

以巴西为例，高闪存化率与低存力充足性主要源于数据中心服务的集中性。巴西的数据中心主要服务于政府、金融、油气等高需求领域，这些领域对数据存储的安全性、可靠性和性能要求极高，因此推动了闪存技术的广泛应用。然而，这些领域的对存力的诉求并未普及全社会，普通用户和小型企业的存储需求相对较低。此外，巴西正积极发展电商和智能制造等新兴产业，这些产业对先进数据存力的需求逐步增加，但整体仍处于发展初期阶段，导致人均存力水平仍然较低。展望未来，以巴西为代表的精益聚焦型国家可考虑加大对电商、智能制造等新兴产业的支持，推动数据存力的广泛应用；与此同时，加强 ICT 基础设施建设，普及先进存储技术，使更多中小型企业和个人能够受益。

后发渐进型：这类国家的存力充足性以及闪存化率均较低。

以中国为例，大多数应用系统的自动化水平较低，导致对存储的性能要求有限，以及对方案级 TCO 重视程度不足等原因，使得闪存化率偏低，当前中国闪存化率仅为 29%，远低于世界平均水平 48%。但辩证地看，**"后发渐进型"国家也拥有更大的"超车"机遇**，这类国家并不需要大规模替换现有传统存储方案，而可直接加速全闪化方案的投资建设，实现存力产业的跃迁。

3.4.2　典型国家建设先进数据存力的核心启示

成功从发展先进数据存力产业中获益的国家可分为 3 类，一类是**强应用型国家**，一类是注重芯片和整机研发制造的**产研型国家**，还有一类是**全栈型国家**。强应用型国家更多聚焦采购和应用先进数据存力方案，以赋能自身产业转型升级，而不是大规模投入数据存储设备及零部件研发，全球大多数国家为强应用型国家，德国、新加坡为强应用型国家的代表；产研型国家聚焦研发存储设备的关联零部件（如 NAND Flash 芯片）和软件，具备整机研发制造能力，但不一定在先进数据存力方案的应用上进行大规模投入，仅少数国家有能力成为产研型国家（如韩国）；全栈型国家实现了"芯片／软件／部件设计生产 – 存储整机研发制造 – 先进数据存力方案应用"的全栈化覆盖，这样的国家既具备端到端自研能力，也积极在本国应用先进数据存力方案，如美国。全球各国建设先进数据存力产业的领先实践如图 3-15 所示。

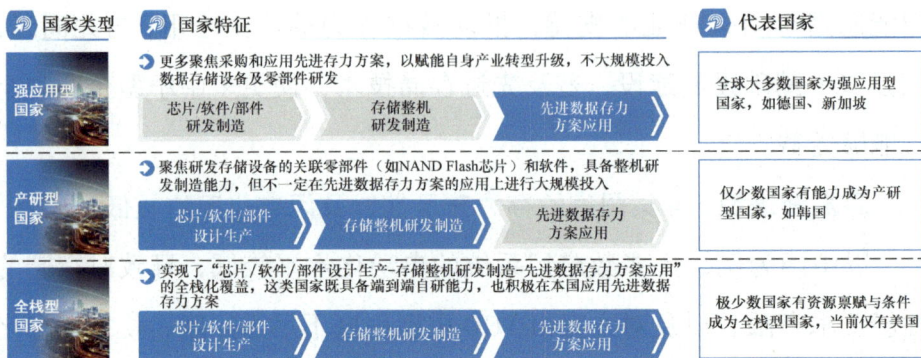

图3-15　全球各国建设先进数据存力产业的领先实践

1. 德国：政策与产业应用双元并举，打造全球数据存储强国

德国作为欧盟的经济领头羊，在欧洲数据存储产业中扮演了积极拥抱者的角色，同时以严格的政策要求促进数据存储等 ICT 产业的安全、可持续发展，具体而言可总结为 3 个阶段。第一阶段始于 20 世纪 90 年代中期，德国经历了互联网服务快速增长的过程，企业开始建设和租用数据中心；第二阶段发生在 21 世纪最初 10 年，谷歌、微软等科技巨头开始进入德国市场并设立研发中心，德国电信等开始大规模建设数据中心以提供多样化服务；第三阶段从 2010 年开始，大数据时代的来临，使数据中心的建设量激增，德国于 2016 年提出《强化数据保护法》与《绿色发展法案》，以强化安全可持续发展。如今，德国数据存储产业在存力充足性、闪存化率、可靠性（如灾备覆盖率）、绿色可持续发展（如 PUE）方面实现全球领先，在政策与产业应用的双重驱动下成为欧洲数据存储强国。

总结德国存储产业发展的成功要素，我们发现其具备三大特征。一是政策监管与德国企业对合规性的忠实，带来更高的刚性容灾备份需求；二是德国政府高度重视可持续发展，持续通过产业政策与标准要求进行牵引；三是德国企业对数据要素的挖掘充分。

首先，德国针对多种类型数据的存储要求设定了更高标准，使得存力投资与灾备覆盖率充足。 例如，在 2020 年发布的《商法典》及《税务法》的修订版中，要求德国企业保存商业信函与员工记录至少 6 年，账簿、发票等会计记录至少 10 年。此外，德国的全球性企业通常也会对数据存储年限做出严格且具体的要求。例如，某德资知名汽车一级供应商要求员工档案至少保存 10 年，年度财报与创业计划书等敏感信息至少保存 15 年，且在全球范围内（包括中国）贯彻该要求。

其次，德国政府高度重视可持续发展，持续通过产业政策与标准要求进行牵引。 2014 年，德国推出了 DIN EN 50600 数据中心标准，为谷歌、微软等一众巨头提供了数据中心的建设参考规范。2021 年，德国政府发布的《联邦政府数据战略》中提出建设可持续的数字基础设施，而德国复兴信贷银行也根据德国的《可再生能源法》的修订版与《2050 年气候行动计划》推出了针对绿色数据中心的最高百万级的贷款计划，以低息率、长还款期等政策优惠，根据企业项目规模等因素对在德数据中心进行改造与建设。例如，德意志银行在 2017 年与 Pure Storage 合作，使用 Pure Storage 的全闪存阵列替代传统 HDD 来改造数据中心，从而极大程度地提高了德意志银行的数据处理效率，提升了客户关系管理（Customer Relationship Management，CRM）系统和 ERP 系统的性能，这使得德意志银行处理大量客户数据和管理实时信息抓取的效率有效提高。

最后，德国企业对数据要素的挖掘充分。 例如，某外资汽车零部件供应商设立了专门的数据管控组织，按需协助业务部门抓取并导出所需的数据，从组织架构上为研、产、供、销、服等各职能提供数据服务，促进各职能提升对自身日常运营及成本项目等数据的掌控与实时分析能力。通过企业与政府的共同推动，德国当前拥有超 480 个数据中心，一级存储系统在全存储系统中的占比高达 76%、闪存占整体存储容量的 51%，成为数据存储强国。

2. 新加坡：以政策优惠吸引外部投资，同时持续提升本土运营商创新能力，实现内外资源优势互补与协同发展

新加坡在过去半个世纪中重视创新产业，并积极以税收优惠及补贴政策招商引资，如吸引外资高科技企业的持续投资，进而提升经济水平、创造就业机会、培养高水平人才。 例如，新加坡于 1999 年发布的《全球贸易计划》与 2010 年发布的《创新发展计划》等政策，提供高达 10% 的企业所得税等优惠，成功吸引多家 ICT 企业在新加坡开设分支机构与持续投资，其中不乏数据存储产业领先企业，如西部数据和希捷。

新加坡于 2016 年发布的 *TechSkills Accelerator* 等补贴政策，通过向新员工提供 90% 的培训补贴、向应届生提供 50% ～ 70% 的培训与实习补贴及定制化培训计划，激励谷歌等企业培养新加坡本地人才，使新加坡向数字化未来更进一步。例如，2022 年谷歌在新加坡招聘约 300 名员工，其中来自新加坡高校的员工就达到 65 人，至少占当年招聘员工数的 20%。

为应对数智时代的到来，新加坡在 2014 年推出了"智慧国家 2025"计划，提出以数据中心建设为核心，发展先进数字化产业。一方面，满足当地产业生态的数字化升级要求，如新加坡本土企业 Singtel、Keppel Data Centres 运营的数据中心为有数据存储需要的企业提供托管服务；另一方面，将算力与存力等数据服务发展为一个独立的战略性产业，如 Singtel 利用自己的数据中心为其他企业提供数据存储服务。

更进一步，为强化本土企业创新能力，新加坡本土运营商也积极与在新 ICT 基础设施厂商合作，联合研发数据中心管理工具等创新型解决方案。 如此，新加坡本土运营商与在新 ICT 基础设施厂商就形成了互补关系，共同为用户提供数据存储托管服务套餐。例如，Keppel 与思科联合开发数据中心管理工具、Singtel 与微软 Azure 联合创新数据存储技术等。基于这些创新型解决方案，新加坡本土运营商提升了对自身数据中心的运营管理能力，也实现了第二增长曲线，如 Keppel Data Centres 的数据中心服务收入可占 Keppel 总收入的 7%。

此外，新加坡高校也积极与数据存储企业合作，形成产学研一体化生态。 如希捷与南洋理工大学合作开展了数据存储课程和项目，共同研发高密度数据存储解决方案，包括热辅助磁记录技术等先进存储方案。经过多年的发展，以数据中心为核心的产业生态已为新加坡直接贡献了约 15 亿美元的 GDP 增长（占新加坡年 GDP 增量超 10.5%），提供了大量就业岗位，带动了新加坡数据存储产业生态发展。

总的来说，新加坡发展数据存储产业的成功要素有三。一是设立**清晰的政策目标**，如到 2025 年数据存力产业投资规模达到 10 亿新加坡元，每年使数以千计的人才完成高级技能培训，以支持国内外存储领域企业的发展，并新建或改建 20 个绿色标准数据中心；二是**利用优质外商投资与补贴政策吸引优质 ICT 企业入驻**；三是**产学研深度协同**，持续保障头部企业的高素质人才供给。

3. 美国：多级政府齐发力，打造产学研一体化的先进数据存力生态

在政府层面，美国联邦政府及州政府高度重视数据存储产业，

过去 10 年积极出台多项政策，通过财政直接支持先进数据存力产业发展。例如，纽约州的战略计划中提到的 Tech Innovation for All Program，希望政府、企业与科研组织通力合作以实现科学技术的创新研发，其中包括数据存储技术，为此州政府提供了 5000 万美元的赞助费用。

除了对企业进行直接的财政支持，政府鼓励并资助企业与国家实验室合作以推动产学研一体化，也是美国实现先进数据存力产业领先的核心抓手之一。企业通过美国国家科学基金会与能源部的合作研究和开发协议可以与国家实验室直接合作，开发 N+1 代产品和架构，如希捷与美国劳伦斯伯克利国家实验室（隶属于美国能源部，加利福尼亚大学运营、管理）共同开发了应用于大数据和快速数据处理的创新存储介质与架构。此外，企业与国家实验室合作也可以为下一代产品做预研，如惠普与美国橡树岭国家实验室共同开发了应用于超算场景的数据管理和存储解决方案。

针对超算场景，美国政府资助的实验室亦多有布局，进而带动了先进数据存力产业的进一步发展。例如，美国橡树岭国家实验室的 Frontier 在第 62 届全球超级计算机 Top500 排行榜上排名第一，是世界上第一台百亿亿次级的超级计算机。Frontier 实现了 1.194 EFLOPS 的性能，存储环境则具有近 700 PB 的容量，这使得它的存算比也达到 11 PFLOPS ∶ 7 PB 的标准。具体而言，Frontier 使用了超过 5000 个 NVMe 设备，总读写速度达到 10 TB/s，能够进行超过 200 万次随机读取操作，辅以额外的由 480 个 NVMe 设备构成的元数据层，可用于处理混合工作负载和维护文件系统的结构。

又如，2023 年 6 月 22 日，英特尔官方宣布隶属于美国能源部、芝加哥大学的阿贡国家实验室已经完成基于英特尔 CPU 及 GPU 的新一代超算"Aurora"的安装工作，Aurora 上线后将提供超过 2000 PFLOPS 的 FP64 浮点计算性能；在存储方面，Aurora 集成了超过 1024 个的存储节点，以 31 TB/s 的总带宽提供 220 PB 的总存储容量，这使得它的存算比达到 9.1 PFLOPS∶1 PB。

此外，美国产业界也对先进存储方案保持开放的心态并进行积极的应用。例如，英伟达优先采购专业外置存储设备，为其 AI 算力基础设施架构提供有效补充，与其算力生态形成高效、协同的全栈化解决方案。正如黄仁勋在 2024 年举办的 GPU 技术大会上强调的："在大模型时代，专业存储伙伴对我们非常重要！"他还强调 Milvus 等开源向量数据库在大模型训练场景下值得关注，并认为向量数据库乃是解锁大型自然语言模型潜力的至关重要的基石。

4. 韩国：选定高价值环节并持续多年投入，政府与头部企业紧密协同

总的来说，韩国并不是一个强应用型国家，而是聚焦存储设备的关联零部件、软件、整机的研发和制造能力的产研型国家，这奠定了该国在存储领域的商业优势，从而使其拥有行业内的定价权。三星凭借在存储领域的市场主导地位，通过庞大的产业链控制市场定价，不仅为自身带来了可观的经济效益，还创造了大量的就业岗位，从而显著提升了韩国存储行业在全球市场中的竞争力。2023 年，三星存储业务的收入达到了 674 亿美元，约占集团总营收的 36%。海力士 2023 年的存储业务收入为 298 亿美元，约占集团总营收的 70%。可见，先进的存储产业为韩国创造了巨大的经济价值与可观的高薪工作机会，有效促进了社会发展。

　　回顾历史，韩国将存储产业作为国家半导体领域的第一优先级，自 20 世纪 70 年代开始，举国之力进行持续研发，最终在存储领域底层技术方面实现世界领先，在全球拥有了存储芯片的定价话语权。回顾韩国半导体发展历程，20 世纪 70 年代，以三星为代表的韩国企业开始为日本企业代工电子产品，并逐渐完成了技术转移；同时韩国政府修改了《外国人投资促进法》，确保对本土企业的强力支持。20 世纪 80 年代，韩国政府启动了《半导体产业培育计划》以推动集成电路产业的发展，三星开始研发 DRAM，并于 20 世纪 90 年代末在市场份额上成功反超日本。

　　20 世纪 90 年代初，三星开始研究 NAND 芯片及 SSD，经过多年发展，最终在 2016 年前后确立并夯实了自身在存储芯片领域的技术领先地位。除了三星等企业自身的大力研发投入，韩国政府也在持续更新政策，针对以存储为代表的半导体产业出台了多项专项政策。例如，2010 年推出的《国家半导体战略》，确定了韩国在 2030 年成为半导体领域世界第一的目标，并在 2021 年实施 "K- 半导体战略"，拟投资超 4000 亿美元持续推动半导体产业发展，又在 2023 年提出《税收特例管制法》修正案，对 2023 年起在国家战略产业投资可商业化设施的企业，在两年内进行最高达 15%、25%（分别对应大型公司、小型公司）的投资税抵免，且基于 2023 年是否有额外投资，可额外增加 10% 的 2023 年税务额外优惠。在多重政策的加持下，三星与海力士等巨头最终确立了在终端市场的领先地位，更进一步，三星与海力士分别于 2010 年与 2013 年前后，推出数据中心级的企业级 SSD 产品。

　　2024 年 5 月，韩国政府公布了新一期半导体行业发展规划，拟投入约 190 亿美元以增强韩国半导体基础设施建设。该规划由韩国开发银行向韩国芯片制造商和供应商提供财政支持，并延长了税收优惠政策，以继续推动韩国的半导体和存储器的发展。

除了韩国政府和企业的齐心协力，双方也积极与高校及研究院合作，以求技术突破、缓解人才短缺情况，维持韩国在存储技术领域的领先地位。例如，韩国政府每年以 2.7 亿美元的资金直接资助韩国 AI 和大数据研究院以获取 AI 和大数据计算、存储的能力突破。又如，三星与海力士作为龙头企业也积极与韩国各高校及研究院合作，以培养人才，缓解人才短缺情况，两家公司与延世大学、成均馆大学以及韩国科学技术研究院等高校及研究院联合推出半导体相关课程，提供培训项目及奖学金支持，希望在 5 年内通过联合课程培养 1160 名存储产业人才。

5. 核心启示：先进数据存力产业的稳健可持续发展，需要政府与企业深度协同，在政策引导、技术创新与市场应用上齐发力

首先，一个国家需要明确认知自身在全球产业格局中的位置，为自身在全球存储全栈产业生态中进行"战略定位"（需要全栈化发展，还是仅实现核心零部件的突破）。 例如，美国和韩国通过产业链协同，分别实现了应用生态的繁荣与存储芯片产业的领先。对中国而言，积极发展并端到端覆盖"芯片/软件－存储设备整机－存算网全栈解决方案"全产业链环节已经是大势所趋。

其次，基于"战略定位"制定发展目标、提供政策支持、鼓励技术创新。 一是提出清晰、可量化的存力产业发展目标，如新加坡的"智慧国家2025"计划提出，数据存力产业投资规模达到 10 亿新加坡元，培养 2500 名高级存储产业人才，并新建或改建 20 个绿色标准数据中心；二是为支持这些目标的实现提供监管性与鼓励性政策支持，监管性政策对数据保存与可持续发展进行严格规范，如德国的《商法典》与《税务法》的修订版及 DIN EN 50600 数据中心标准等，鼓励性政策提供资助与税收优惠，如新加坡的《知识产权发展优惠计划》《创新发展计划》及国家研究基金等；三是以产学研合作等机制为抓手，鼓励企业提前布局下一代存力技术，强化头部企业的创新能力。

最后，各国在应用市场上应在公共部门（如政府及国有银行等）的带领下积极开展先进数据存力的方案试点。如果公共部门不进行先进数据存力方案的大规模应用，不打造可复制的先进产业案例，国内产业将始终难以形成先进且成熟的解决方案组合，实现真正的引领。此外，各国也应积极鼓励头部 AI 原生应用厂商（如大模型厂商等）强化对先进数据存力方案的应用。

尤其对中国这种旨在成为全球先进数据存力全栈技术创新引领者的国家而言，以政策支持与产学研协同等机制鼓励全栈技术创新十分重要。一方面，端到端全栈技术创新所需的研发投入巨大，国家可定向扶持重点实验室，鼓励企业与高校合作，共同进行下一代存力技术创新（如超算场景下的数据存储技术创新）；另一方面，存储行业规模效应显著，从美国和韩国等国的发展历程看，各国厂商中最终能引领整个存储行业的仅有极少数厂商，因此应在先进数据存力全栈环节（如存储芯片、解决方案供应商等）选择少数厂商组成产业联盟，以头部企业牵引行业标准制定，共同定义并持续赋能先进数据存力产业的发展。

4

先进数据存力
发展趋势

4.1 数字化快速走向数智化

随着大模型的能力和性能持续提升，AI 正逐渐由大模型中心训练走向行业应用，这将引发各行业向数智化转型，实现业务变革。首先，大模型在一些面向消费者的业务场景中得到应用，如智能办公。其次，大模型在一些关注服务业务和改善内部运营的行业场景中得到应用，如呼叫中心智能客服。从对大模型应用的探索中可以发现，不管是基础大模型的训练，还是大模型在行业的应用落地，都离不开大规模且高质量的数据，它决定了 AI 的智能度和应用成熟度。

4.1.1 数智化发展趋势

1. 金融

在数字时代，金融行业是领航行业，金融行业的数字化转型开创了金融科技（Financial Technology，FinTech）。当今，金融与大模型的融合，使金融在数字时代所积累的海量数据资产基础上，具备了在数智时代继续领航的先发优势。以银行为例，各银行的大模型应用正在从办公助手、智能填单等内部办公辅助功能走向远程银行、信贷风控助手等外部业务应用。从内部办公辅助功能走向外部业务应用，意味着从高容错走向低容错。而正确的建议和选择，需要从海量数据中得出。海量数据的高效归集、快速处理和安全可靠成为新的挑战。

（1）从降本到增效：从内部办公辅助走向外部业务应用

金融机构一直是率先将新兴的 AI 技术应用于业务场景的组织。目前，金融机构已经纷纷应用 AI 技术，尤其是将大模型技术应用于营销、理财、信贷审批的风险控制和客户服务等场景，可以提升金融服务的智能化水平。根据 IDC 相关报告，90% 的银行已经开始探索 AI 技术的应用，AI 技术应用成为银行技术创新的主要方向。

·在营销场景中，通过 AI 技术分析大量的用户数据，并基于客户需求和兴趣偏好提供个性化的金融服务。这不仅提升了用户体验，还增强了用户黏性。例如，中国交通银行利用 AI 技术挖掘客户兴趣偏好，用大模型强化业务端留客能力，AI 推出的各类理财模型累计触客成交额近 4000 亿元，较传统方式在成交率方面提高了 16 倍。

·在理财场景中，利用机器学习和深度学习方法，能够帮助投资者更准确地做出投资决策。中国农业银行江苏分行和中国工商银行分别推出了类 ChatGPT 的大模型应用 ChatABC 和基于昇腾 AI 的金融行业通用模型，用于智能化推荐理财产品。上海浦发银行则利用多模态人机交互、知识图谱等技术，推出了 AI "理财专家"，为消费者推荐合适的理财产品。

·在信贷审批的风险控制场景中，AI 技术协助简化和优化了从信贷决策到量化交易和金融风险管理的流程。亚太区域某头部银行通过 AI 技术缩短了用户信贷申请和审批流程，从原来的数天缩短到只需要 1 min 即可完成申请，最快 1 s 即可获得审批。

·在客户服务场景中，智能客服有着显著的应用。例如，招商银行信用卡中心通过智能客服每天为客户提供超过 200 万次的在线人机交互，能够解决 99% 的用户问题。相对于人工客服，智能客服不仅能提升客户服务效率，还能够提供 24 h 不间断服务。

（2）完善多源、多元、海量数据管理，加强数据安全合规建设

在 AI 应用逐步普及的过程中，金融机构在数据架构、数据安全和业务连续性等方面面临新的挑战。

金融机构需要管理庞大的数据，数据量已经达到了 EB 级。以中国金融机构为例，根据北京金融信息化研究所有限责任公司在 2023 年发布的报告，目前金融机构管理的数据量普遍达到 PB 级。如图 4-1 所示，某大型金融机构管理的数据量超过 100 PB，并且预计 5 年年均增幅将达到 24.33%。此外，国有大型银行的核心业务系统的存储规模也已达到百 PB 级，它的票据影像等非核心业务系统的存储规模达到了几十 PB 甚至百 PB 级。围绕金融机构管理的海量业务数据，如何实现高可靠、高效率的访问，进一步实现数据价值最大化，是金融机构必须考虑的问题。例如，针对庞大的数据量及不同的数据类型，可采用高性能的存储设备及优化存储架构，加快 AI 与金融行业的融合。

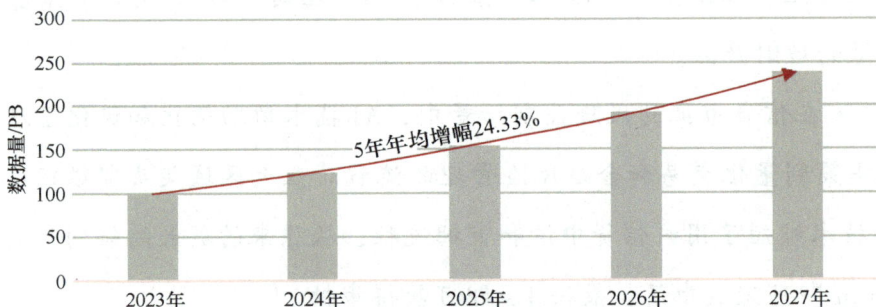

图4-1　某大型金融机构管理的数据量

金融机构需要处理多种类型的数据。金融机构经过多年积累和沉淀的业务数据，例如图片、视频、音频及互联网日志等各类数据，不但数据格式陈旧、复杂，而且分散在不同的业务领域，甚至不同的地

域。例如，大小机核心系统和开放平台的信用卡系统的数据格式不同，两个系统无法直接进行数据交换；信贷业务、财富管理业务和互联网业务之间很难实现用户信息共享。将这些分散的数据整合并应用于 AI 是一项艰巨的任务，亟须建立一个完善的数据管理系统。如中国某头部银行一直将数据视为基础要素和战略资源，在建立大数据资源管理系统时，需要解决有哪些数据、数据在哪里及如何有效利用这些数据等关键问题。

金融机构进行数据处理还必须满足行业监管和风险控制的合规要求。 利用 AI 技术进行个性化推荐和广告精准投放，增大了实现数据管理和隐私保护的难度，进而提高了对金融合规监管的要求。同时，AI 的应用增加了金融机构数据泄露的风险。例如，2024 年 5 月，美国某知名银行遭 LockBit 勒索软件攻击，导致约上百万名客户的数据被盗。因此，应用以容灾为基本手段的数据物理安全、以备份为基本手段的数据逻辑安全等多重保障手段，在当前 AI 时代尤为重要。

如图 4-2 所示，国际货币基金组织（International Monetary Fund，IMF）发布的 *Global Financial Stability Report* 指出，日益增长的 AI 和数字化应用，显著增加了网络数据的安全风险。

因此，金融机构在拥抱 AI 新技术的应用、重塑服务模式、唤醒数据价值的同时，需要关注 AI 技术给数据管理带来的挑战，并采取相应措施，这样才能有效提升金融服务的效率和品质。

2. 运营商

"从电信企业向科技企业转型"已成为全球大部分电信运营商数字化转型的战略共识。电信运营商作为通信基础设施的建设者和运营者，拥有先天的资源优势、数据优势和行业使能经验优势，既为 AI 的发展提供基础设施支撑，又可成为 AI 应用落地的先行者。

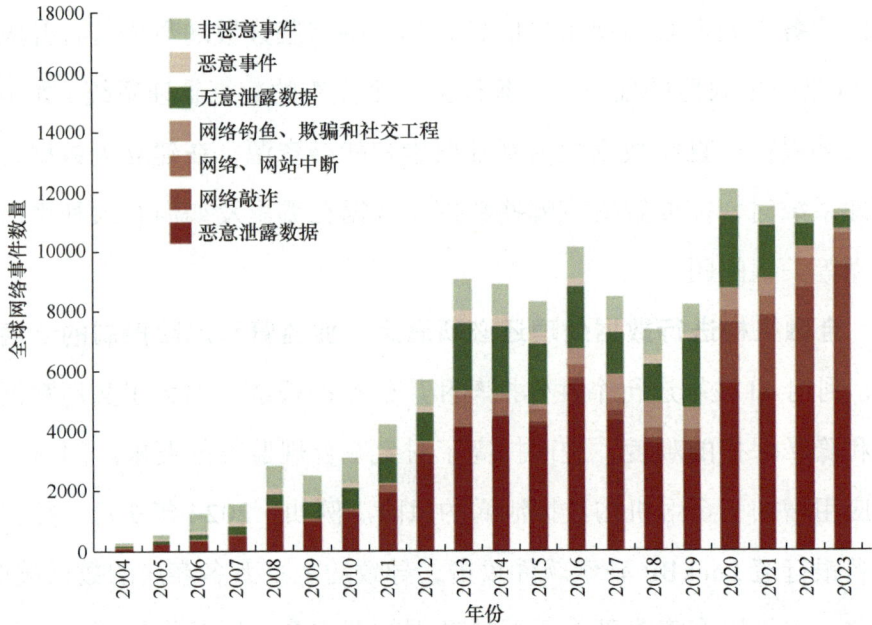

图4-2　日益增长的AI和数字化应用，显著增加了网络数据的安全风险

（1）从开发到应用：蓄力大模型训练 / 推理，对内运营增效，对外赋能千行百业

当前全球运营商形成三大 AI 阵营。第一阵营，智能化先锋正在构建"终端设备、智算资源、模型应用"的全栈 AI 能力，如韩国 SK Telecom、中国移动等。第二阵营，运营商积极布局行业大模型，如由新加坡 Singtel、德国电信、阿联酋 e& 等组成的全球电信 AI 联盟（Global Telco AI Alliance，GTAA），专门开发并推出多语种的电信语言大模型，用于服务话务中心和智慧运营。第三阵营，务实型运营商关注 AI 带来的实际价值，尝试借助第三方合作伙伴的 AI 能力实现降本增效，如 Orange、沃达丰（Vodafone）等计划通过 AI 提升智能客服效率。

自 2024 年起未来两到三年，运营商的大部分应用和业务都将被 AI 重塑。据 Valuates 预测，2027 年全球电信 AI 市场规模将增长到 150 亿美元，近 3 年年均复合增长率为 42.6%。生成式 AI 主要通过以下两个方面助力运营商行业发展。

第一，AI 应用与运营商现有业务结合，实现业务效率提升。

利用 AI 的分析、策略优化与预测等能力来赋能网元、网络等业务系统，有助于提升电信网络的智能规建、运维、管控能力，并最终实现 L4/L5 网络自动驾驶。如 KT Telecom 的 AI 语音机器人具备实时自动总结等功能，可将响应客户请求的时间从 20 s 缩短到 5 s。2024 年中国移动天盾大数据反通信欺诈系统月度拦截诈骗电话超过 1400 万次，准确率高达 98%。

第二，对外赋能产学研用，推动智能升级。

一方面，运营商可以直接为大模型企业或教育研究机构提供智算服务，做 AI 淘金时代的"卖铲人"。另一方面，运营商可以将大模型能力外溢至行业客户，面向政务、教育、医疗等推出行业大模型新应用。例如中国移动九天·海算政务大模型为甘肃省打造了智慧政务助手，构建了与 20 万个实体和 1000 万项业务关联的政务知识图谱及百万量级标准问答，为省内 2500 万名百姓提供便捷、高效的数智政务服务。

（2）盘活海量数据，助力高效训练，使能大模型行业落地

运营商要抓住大模型的发展机遇，需要构建 AI-Ready 的基础设施，AI-Ready 的前提是 Data-Ready。与此同时，AI 集群规模不断扩大，现在已迈入万卡时代，通过大投入带来显著收益，将面临以下两大挑战。

挑战一：如何盘活运营商数据资产，更好地让大模型应用服务自身业务？

在数字化、智能化的趋势下，数据已经成为继土地、劳动力、资本和技术之后的第五大生产要素，是驱动数字经济深化发展的核心动力。特别是随着生成式 AI 的大爆发，大模型赋予了数据新的生命力，数据蕴含的价值进一步涌现，没有充足、优质的数据，大模型的学习能力将大打折扣。以中国移动计划在 2025 年实现的全网 L4 高阶自智为例，需要汇聚约 600 万个 4G/5G 基站、9.9 亿名用户和全国 "4+N+31+X" 个数据中心等的各类数据，当前核心数据规模已达 650 PB，每日还会新产生不少于 5 PB 的数据。只有将这些分散在不同省份、不同用户、不同应用的高价值数据有效组织起来，为大模型源源不断地注入数据 "燃料"，才能实现 L4 网络自动驾驶要求的智能基站节能、智能天线权值优化、投诉智能管理、网络费用稽核等能力，并给出科学的 "规、建、维、优、营" 的策略建议。

挑战二：如何降低 AI 开发和运营成本、拓展政企 AI 边缘应用，加速实现运营商 AI 商业闭环？

AI 集群是费用和能耗的 "吞金兽"，如 GPT-3 单次训练的电能消耗相当于 300 个家庭一年的用电量，而 Sora 单次训练的电能消耗是 GPT-3 的 1000 倍。AI 集群可用度低造成了算力建设成本高、电能空耗等问题，推高了 AI 集群的开发和运营成本。运营商需要考虑从 "堆算力" 转向 "挖潜力"，科学规划智算底座，例如合理配置存储集群性能，选择高性能、高可靠的外置存储，提升 AI 集群可用度。

此外，生成式 AI 商业正循环的重要应用场景为边缘应用，尤其在 2B 政企市场有大量潜在应用，如医疗自助问诊、制造工业质检、金融

智能客服、政务办事助手等。这些场景迫切需要"私域知识库 + 训练 /
推理 GPU+RAG+ 场景化大模型"这样的一体化方案，运营商需要考
虑采用一站式的训 / 推一体机来快速推出产品，实现大模型的商业应
用，打通大模型应用落地的"最后一公里"。例如，中国移动九天超融
合信创一体机为行业用户提供开箱即用的大模型服务，它搭载了具有
139 亿个参数的大模型及 10 亿级参数的视觉大模型，实现了设备检
查、堆煤检测、皮带异物识别、煤量识别、人员违章识别等功能，可
助力矿山客户井下的安全管控和生产。

3. 政务

政务服务正在探索将 AI 应用于出入境管理、税务管理、政务问答
等公共服务领域，以提高公共服务组织的管理效能与风险分析能力，
改善与服务对象的互动。

将 AI 嵌入公共服务治理面临着实时数据共享、历史数据激活、敏
感数据保护等挑战。

（1）从服务到治理，优化公共服务效率，增强公共服务治理能力

牛津智库（Oxford Insights）发布的 2023 年《政府 AI 完备指数》
（*Government AI Readiness Index 2023*）报告，对全球国家和地区政府
运用 AI 提供公共服务的准备程度进行了评估，其中涵盖愿景、治理与
道德规范、数字能力等 10 个维度的 42 个指标，如图 4–3 所示。其中，
数据是政务服务领域 AI 演进的关键推动因素，当前数据主要用于客
服系统、审批系统和分析决策辅助，高收入国家和低收入国家之间在
数据收集、数据应用、数据安全方面的差距明显，这反映了全球数字
鸿沟的存在。美国在政务服务领域的 AI 应用的得分排名第一，其次为
新加坡和英国，中国排名第十六。世界各国纷纷抢抓 AI 发展的重大机

遇，积极应对将 AI 部署于公共服务中所遇到的政策、社会、经济、技术等方面的问题，强调推行国家级战略计划，这将为社会各界带来变革的契机。

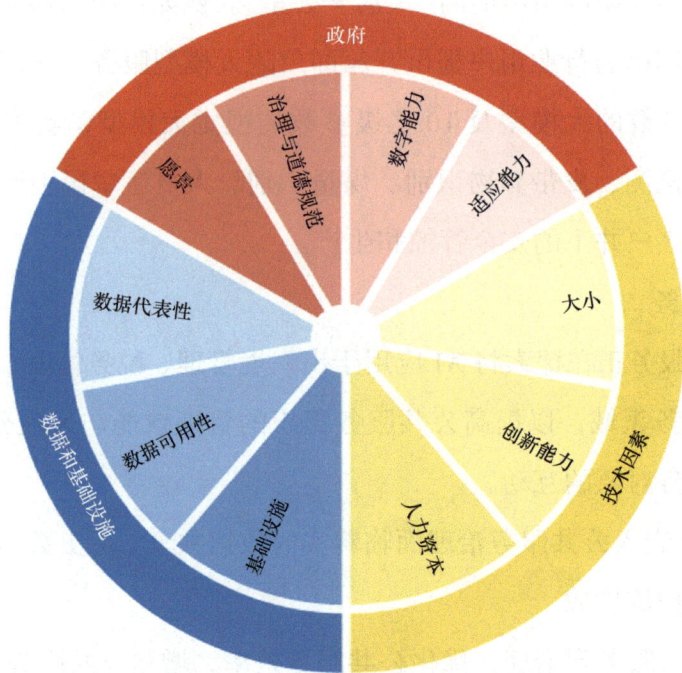

图4-3　政府AI完备指数支柱

以出入境管理、税务管理、政务问答等公共服务领域为例，AI 在这些领域的应用正在深化，以更好地服务大众。

· 出入境管理

AI 能够快速处理和分析大量出入境数据，实现身份验证自动化、智能风险评估和实时数据分析，达到预测移民趋势、优化资源配置、简化审查流程的目的。例如，AI 可以通过生物识别技术快速核实旅客身份，缩短和降低人工审核的时间和错误率。同时，AI 还可以分析大量出入境数据，预测潜在的安全威胁，协助管理部门提前采取措施。

这种智能化的管理方式不仅提高了工作效率，还增强了安全性和用户体验。

· 税务管理

AI可以提升税务管理的效率和准确性。通过AI技术，税务部门可以实现自动化数据处理、智能化数据分析和风险评估。例如，AI可以通过NLP技术自动解析税务文件，并提取关键信息，缩短和降低人工审核的时间和错误率。实际上，AI还可以分析历史税务数据，并结合其他类型数据，识别潜在的税务风险，协助税务人员提前采取措施。例如，通过比较房地产公司的交易数据和实际税务申报数据，并结合建筑行业的标准成本数据（如水泥、钢筋等基础材料数据），税务人员可以快速评估税收漏报的可能性。

· 政务问答

各业务部门政策的传播、规则的宣贯及具体案例的咨询等业务，都存在大量的问询工作。通过NLP和机器学习技术，AI可以快速理解并回答市民的各种政务问题，提供24 h不间断服务。例如，AI问答机器人可以在政府网站、微信公众号和App等多个渠道上运行，随时为市民进行政策解读、提供办事指南和解答常见问题。这种智能化的问答机器人不仅减少了人工客服的工作量，还提高了信息获取的便捷性和准确性。

（2）共建跨部门数据流动，保护敏感数据，助力政通人和

AI在公共服务治理中的应用，虽然能够显著提升效率和服务质量，但也面临着诸多挑战，例如，实时数据的共享需要确保数据的准确性和及时性，同时避免形成数据孤岛；历史数据的激活和利用需要解决数据格式不统一、数据量庞大等问题；最为关键的是，敏感数据

的保护必须得到高度重视，采用加密技术和权限管理措施，确保数据在传输和存储过程中的安全性。

· 实时数据共享

以我国社会信用体系建设为例，通过数据共享和信息交换，促进社会诚信建设并对政府各部门、企业、个人等各种主体进行信用评价和监管。针对企业，有关部门通过 AI 系统可以实时查看企业的经营状况、税务记录和环保检测情况等信息，及时发现异常行为并发出预警；针对个人，AI 系统可以根据个人的财务状况和还款能力，制定个性化的还款计划，帮助个人更有效地管理债务，避免逾期还款，提高信用等级。这些 AI 应用不仅提高了社会信用体系的效率和准确性，还提高了社会信用体系的透明度和公正性。因此，数据共享和信息交换对于 AI 非常重要，而数据共享和信息交换的基础是数据可视、可管和可用，这要求数据存储具备高效的数据管理能力。**可视**，数据资产的拥有者和管理者，需要对所有的数据有全貌概览，了解有哪些数据、数据的保存地点及数据量、数据类型等，相当于需要维护一份数据地图。**可管**，在确定了需要进行归集的数据后，需要一个机制来实现基于策略的数据流动。**可用**，意味着原始数据需要被预处理、被转换为 AI 可识别和直接使用的数据。

· 历史数据激活

全球多国政务机构持续探索基于历史数据提升服务的能力，以税务为代表的政务机构正在积极激活税收历史数据并应用于 AI，通过以下 3 项政策以显著提升税务管理和决策的智能化水平。**辅助政策制定**，基于不同地区的经济发展水平和税收基础不同的现状，AI 可以分析同一政策在不同地区实施的效果，协助政府制定更具针对性的地区税收政策。**评估政策效果**，通过分析过去 5 年的税收历史数据，AI 可以评估某一税收政策实施前后的税收收入变化。例如，某一减税政策是否真正促进了经济增长，是增加了税收收入，还是导致了税收收入流失。**预测政策结果**，假设政府推行了一种税收优惠政策，通过对相关税收历史数据的分析，AI 可以预测未来几年内该税收优惠政策给特定行业带来的投资影响和发展变化。AI 对税收历史数据的需求超乎我们的想象，这给数据存储的读取速度提出了极高的要求。为了实现 AI 模型的快速训练和实时推理，存储系统必须具备超高的读取速度，以便 AI 模型迅速访问和处理海量数据。这不仅要求在硬件层面有高性能存储设备，如 NVMe SSD，还要求在软件层面有优化后的数据管理和缓存策略，以确保数据能够以最快的速度被读取和利用。

· 敏感数据保护

公共服务领域涉及大量的关键敏感数据，例如出入境管理涉及的敏感数据包括个人身份信息（如姓名、出生日期、护照号码等）、生物特征数据（如指纹、虹膜数据等）、旅行记录（如出入境时间、地点、航班信息等）、签证信息等。AI 技术虽然提升了数据处理和分析的效率，但也带来了数据泄露和滥用的潜在风险，特别是在跨境数据传输过程中，敏感数据可能会被不法分子利用。因此，建立公共数据管理制度、采取相关技术手段必不可少，而作为数据安全的最后一道防线，数据存储起着至关重要的作用。**数据加密**，存储的数据必须进行加密处理，以防止未经授权的数据访问和数据泄露。**访问控制**，严格控制数据的访问权限，确保只有经过授权的人员才能访问敏感数据。**数据备份**，定期进行数据备份，确保在数据丢失或损坏时能够及时恢复。

日志记录，记录所有对数据的访问和操作，以便在发生安全事件时进行追踪和审计。**数据隔离**，将敏感数据与其他数据隔离存储，减少数据泄露的风险。

4. 制造

AI 应用于制造业可提升生产效率和产品质量，目前被广泛应用于计算机辅助设计（Computer-Aided Design，CAD）、需求预测、智能排产、生产过程优化、决策支持和咨询服务。但数据收集与分析过程中的数据量激增、历史数据汇聚、数据清理和数据标注等挑战依然存在。

（1）从局部到全流程：覆盖设计、生产、经营、售后，助力端到端增效

随着科技的飞速发展，AI 技术在制造业中的应用已经从基础的售后机器人扩展到整个生产流程的各个环节，极大地提升了生产效率和产品质量。

· **AI 辅助 CAD**

对于大多数制造企业而言，CAD 技术被广泛用于产品设计，包括外观设计、零部件设计、结构件设计、机械零件设计、模具设计等。只有在设计阶段制图、建模、仿真越精准，在生产阶段才能更快速地投产和出货。AI 时代之前，只能依赖有经验的员工使用 CAD 技术进行产品设计，然后进行评审和检验，这个过程耗时、耗力且有可能出现错误。AI 的出现带来了质的变化，例如 AI 可以辅助 CAD，如图 4-4 所示。在设计阶段可以通过 AI 辅助 CAD 自动生成系统设计方案，也可以根据历史最佳实践快速生成新的设计，甚至支持多阶段并行设计，缩短设计周期。

设计灵感与创意生成	智能优化设计方案	设计流程自动化实施
• 分析大量的设计案例、市场趋势及用户偏好数据，为设计师提供创意灵感。例如，通过深度学习算法对历年流行设计元素进行挖掘，帮助设计师把握时尚潮流 • 根据用户需求和市场定位，自动生成初步设计方案，为设计师提供创新的起点，加速设计过程	• 利用AI技术，可以对初步设计方案进行智能优化。AI能够快速模拟和评估不同设计变体的性能、成本和可行性，帮助设计师从众多方案中选择最优的一个 • AI还能提供改进建议，如材料替换、结构调整等方面的建议，以降低生产成本或提升产品性能	• AI能够自动化完成一些重复性高、耗时长的设计任务，如参数化建模、性能仿真等，从而减轻设计师的工作负担，提升设计效率 • 通过与CAD等设计软件的集成，AI可以实现设计流程自动化，从初步设计到详细设计，再到最终的产品验证，都能够得到AI支持

图4-4　AI辅助CAD

• **AI支持需求预测与智能排产**

对于大部分制造企业而言，一年中有销售高峰期和低谷期，而销售的涨落关系着采购、生产、仓储、供应等多个部门的工作。以往只能通过销售预测来进行排单，预测的准确性直接影响整个产线。进入AI时代后，通过分析销售历史数据、供应链状态和市场价格等因素，AI可以预测产品在一年中不同阶段的需求量，从而制订合理的生产计划，确保资源的最优配置，进而优化库存、降低生产和物流成本、减少生产延误和物料浪费。例如，某大型半导体显示屏制造企业分析了生产历史数据，并采集和分析了整个制造过程中的设备数据、环境数据和产品数据，运用AI技术对整个制造过程进行智能化改造，实现了制造过程的自动化和智能化，其生产效率和产品质量得到了显著提升，同时还降低了生产成本，保持了该企业的半导体显示屏制造技术在业界的领先地位。

• **AI对生产过程的优化**

在生产过程中，设备不可避免地会出现故障甚至停机，动辄几小时的维修严重影响产品的生产进度，尤其在交单高峰期的停机甚至会影响企业信誉。以往只能通过有经验的员工多班次 24 h 巡检来保障设备正常工作，这不仅费人、费时、费力，还无法完全避免设备故障。从被动响应到主动维护是设备运维的进阶过程，在此过程中，AI 对生产过程的优化如图 4-5 所示，AI 通过实时监测设备运行状态，预测潜在的故障以提前进行维护，可以缩短设备停机时间，显著降低维修成本。同时，可以利用机器算法优化生产工艺，调整产品生产参数，并利用 AI 系统自动识别产品缺陷，以大幅提高产品检测速度和准确性。

图4-5　AI对生产过程的优化

例如，某跨国生产可编程逻辑控制器（Programmable Logic Controller，PLC）的大型数字化工厂通过整合和改造数据基础设施，将产品生命周期管理（Product Lifecycle Management，PLM）系统、制造执行系统（Manufacturing Execution System，MES）、ERP 系统等数字化系统和平台无缝集成，同时广泛应用 IoT 技术收集各类传感器数据（5000 万条 / 天，约 1 TB/ 天）并存储。然后使用多种 AI 技术，包括实时数据分析、机器视觉系统等对其中数百 GB 的数据进行分析，实现了生产过程监控、产品质量检测、设备主动维护等。这不仅提高了生产效率和产品质量，还实现了生产过程的透明化和可追溯。该工厂的产品上市时间缩短了近20%，生产效率提高了13%，并且产品质量也得到了显著提升。

· **AI在经营管理中支持决策**

制造企业先一步发布有竞争力的产品，大概率可以快速赢得市场认可，甚至在一定程度上影响市场的走向。怎样通过市场分析和经营管理进行精准决策一直是企业高层思考的问题。以往，只能通过大规模的用户访谈、多年的市场经验、多部门集体研讨来进行决策。虽然部分决策也赢得了市场认可，但是这种方式缺乏数据支持和详尽的决策流程，难以固化为标准决策机制。进入 AI 时代，可通过大数据分析ERP 系统，关联产品的设计、生产、测试、采购、仓储、供应、销售等各个环节的数据，结合产线、人力、市场趋势、消费水平等多方面情况，为公司高层提供经营决策分析，做到有理有据，全过程数据分析链条完整，并且可以根据各个环节的变化，快速分析和决策，缩短决策时间，固化标准决策机制。

· **AI支持售后7×24 h 咨询服务**

智能聊天机器人在各个行业几乎都有应用，在制造业也不例外，例如利用智能聊天机器人提供售后7×24 h 咨询服务。AI 时代，智能聊天机器人回应的内容更加准确、专业、及时，它能够快速响应客户需求，解决客户提出的问题，从而提高客户满意度。

（2）唤醒历史沉睡数据，增强全流程生产效率

AI 在智能制造领域的应用不仅是技术上的革命，也是推动制造业全面数字化转型的核心动力。在智能制造的端到端流程中，无论是经营管理阶段的决策分析，设计阶段的辅助设计，生产阶段的需求预测、智能排产、设备维护和产品检测，还是售后阶段的智能聊天机器

人服务，均需要大量的数据来支撑 AI 在对应阶段发挥其作用。而 AI 在使用数据进行分析时面临的挑战主要表现在以下两个方面。

· 数据收集与分析过程中的挑战

在产品的生产和测试过程中，收集与分析实时数据是产品高良率和设备长时间正常运行的保证。企业借助各类传感器和 IoT 设备，能够实时收集制造设备的运行数据，包括温度、速度、压力等关键参数。实时分析这些数据，可以即时反馈生产状态，确保生产过程的稳定性和可靠性。除了制造设备的运行数据，还需要长时间、高频率地收集产品的质检数据，包括产品质检过程中的图片、音频等数据。如果要 AI 分析得更加精准，收集这些数据的周期也会从小时级向分钟级、秒级收集递进。伴随着收集的数据种类、数据类型、数据格式、收集周期的变化，收集的数据量呈指数级增长，每天收集到的数据量从 MB 级增长到 GB 级，甚至 TB 级。例如，某全球工程机械领先企业通过超过 56 万台 IoT 设备一天收集的数据量就从原来的 GB 级增长到当前的 10 TB 级。该企业认识到 AI 给制造业带来的巨大机遇，更多的数据意味着企业在今后的变局中将拥有更多的"有效资产"、更稳固的市场地位和更大的话语权。收集的数据量增加了 1000 倍以上，如何保障这些实时数据能够快速存得下、用得好，就成为制造企业不得不思考的问题。

对于一些大型企业而言，如何激活海量历史数据的价值，也是需要思考的问题。例如，在制药行业，如何进行降本增效一直是企业面临的主要难题。一家大型制药企业面临的难题是，怎样在不增加过多质检人力、不增加产线设备的情况下提升产品良率，进而增加盈利？在多次探索无果的情况下，该企业盯上了已有的历史数据。通过对分布于多个地域的多种类型的历史数据进行多源汇聚整合，并对生产过程中的生产工艺和设备运行状态进行 AI 分析，该企业识别出了 9 个关键生产工艺参数。通过 AI 模拟实验对这些参数进行优化，该企业最终将产品产率提升了 50%，良率提升了 3%，该企业因此每年在单个药物品种上就增收了 500 万～ 1000 万美元。类似地，通过深度学习算法，AI 可以从海量历史数据中识别出模式和异常，为生产、测试、仿真、决策等提供科学依据。如此，沉睡的历史数据被唤醒，并再次得以分析和使用。接下来，怎样快速、简单、高效地汇聚多源的历史数据且不影响现有生产系统，并使 AI 系统高效地调用汇聚后的数据就成为制造企业需要关注的问题。

·数据归类与整理过程中的挑战

数据清理：要确保收集的数据能够被 AI 使用和产生价值，务必要进行数据清理，包括补充缺失值、清洗数据集格式、纠正数据的物理错误和逻辑错误等。例如，某电子制造公司在使用 AI 进行智能排产时发现，使用未经过清理的数据进行推理的结果总会出现偏差，有时候甚至不能得到结果。为解决该问题，该公司通过建立单独 AI 工业数据空间，接入多个工业软件系统，对数据进行汇聚、处理和交叉验证，以保障数据及其行为可信、可证，同时纠正数据的逻辑错误，输出正确的数据格式，然后使用这些数据进行 AI 分析，最终提升了排产效率。为了使数据清理更加简单，清理时不做无用功，就要求数据在从采集到写入的过程中安全、可靠，避免无意的数据丢失和逻辑错误。怎样保障收集和写入的数据安全、可靠，不出现逻辑错误，或者在出现逻辑错误的时候能够自动修复，就成为制造企业必须思考的问题。当然，除了收集和写入的问题，制造企业也需要思考数据清理时可能会对原始数据造成的损坏和污染问题，这也是值得未雨绸缪的地方。

数据标注：经过清理的数据只有打上数据标签，才能够帮助 AI 在训练时清晰理解数据的上下文，从而做出准确预测，并且相关的数据在使用过程中也会有不同的标签，尤其是生产数据、设备数据、经营数据、运维数据等，它们在决策、设计、生产、排产、售后过程中的作用不同。不同种类、不同类型、不同容量的数据如果仅依靠人工标注，那么成本高、耗时长且容易出现人为错误。怎样准确、高效、快速、低成本地标注数据就成为制造企业需要思考的问题。

5. 电力

电力系统作为保障国计民生、支撑经济增长的关键基础设施，一直都面临电网规模扩大、负荷增长等挑战。利用 AI 辅助发电管理、输配电网负荷预测、安全巡检和隐患识别等，可有效助力电力供应安全。

（1）从预测到协同：精准的电力供需预测，使能发输变配的高效协同

在新型电力系统的建设中，电力供需预测的精准度和发输变配的高效协同至关重要。通过引入 AI 技术，电力企业可以实现对负荷和电价变化的精准预测，从而更好地匹配供需两侧的需求。这种协同不仅提高了电力系统的整体效率，还为实现清洁低碳、安全充裕、经济高效的电力供应奠定了坚实基础。

· 发电阶段：AI 建模优化发电管理，减少停机时间，识别潜藏问题

在世界 500 强的电力公司中，90% 的电力公司已经使用智能电力分析系统，该系统通过 AI 对包括火力、风力发电机及太阳能板等发电

设备的健康状态进行实时诊断，从而优先更换高风险零件，减少计划外的停机时间。例如，土耳其电力公司 Enerjisa 通过 AI 分析实时掌握发电机组与输配电路的运作状态，减少了 35% ~ 45% 的设备停机时间，确保了发电量处于可控范围之内。

同时，电力公司在发电机内装入 IoT 传感器，使用 AI 分析 IoT 传感器收集的信息，可实时监控发电机的马达及其他零件状态，提前找出潜藏问题。例如，通过风速和发电量建立基于无监督学习（一种 AI 算法）的异常检测模型，描绘出正常状态曲线，当发动机的实时状态偏离正常状态曲线时，电力公司就会及时安排检修，识别是否有潜藏问题。

· 供电阶段：AI 分析精准预测发电量和需求量，解决可再生能源的集成问题，平衡供需

使用煤、天然气等一次能源的发电方式，发电量较易估算。而以光能、风能等为代表的可再生能源的发电量因影响它的变量太多而很难预估；且在预测用电需求时，也会因气候异常和生活形态改变等影响，无法通过历史用电数据精准预测用电需求。例如，澳大利亚能源公司 Red Energy 出现过因为用电需求预测模型精准度较低，导致备转电力容量不足，必须临时向其他电力公司高价购买电力，增加公司营运成本的情况。通过改进 AI 的预测模型，Red Energy 的预测准确率达到 98%，并通过完善的事前规划，以较低价格购入电力，节省超百万美元的购电费用。

· 用电阶段：AI 分析找出异常数据，排查窃电、篡改电表等异常行为，减少损失，确保电网稳定性

以往，电力公司在侦测窃电的过程中，只有在专家检修或更换电表时才能发现异常，或者有的电力公司会使用随机挑选的方式进行抽

查。这两种方式都属于被动式的人工侦测，且投入成本高、排查效率低。电力公司可通过 AI 进行用户分析，在既有业务规则、用户有无篡改电表历史行为的基础上，结合窃电行为模式、用电量和用电目的之间的关联性等分析模型，精准地判断出各个电表的窃电风险，再交由相关人员做进一步的调查，提高侦测率并节省侦测成本。例如，巴西第二大电力公司通过这种方式不仅识别出团伙窃电的风险，更避免了每个月数十万美元的窃电损失。

（2）加强多维、高频数据采集和安全留存，促进更精准电力供需预测

通过多维度、高频率的数据采集，电力系统能够实时监测和分析各个环节的运行状态。这种数据采集不仅涵盖传统的电力负荷和电压数据，还包括气象、市场需求、设备健康状态等多方面的信息。利用这些丰富的数据，通过 AI 技术，能够帮助电力企业对发电、输电、变电和配电各环节进行精准控制和优化调度。

· **AI 预测用户用电量，并通过增加数据采集量、提高数据采集频率，实现更精准的预测**

电力行业通过 AI 分析远程收集的用户用电数据来预测未来的用电量，以提前准备供电量。采集的数据量不足、采集频率过低会导致预测结果产生偏差，这促使电力行业需要不断提高用户侧监控器的采集频率，以满足 AI 分析模型进行预测的要求。例如，在 IoT 抄表场景中，最初的设计可通过按周、月进行一次计费来预测下月的用电量，后续在 AI 分析模型的训练过程中，发现使用时间间隔更短的数据可以更加精准地预测用户用电量，从而将计费频率提高到数分钟一次，进而使模型能够更高效地预测，满足供需平衡。更大的数据采集量、更高的数

据采集频率，给数据存储设备带来了更大容量和更高性能的要求。

· AI 分析电力设备，增加数据采集维度、采集参数，以提前检修电力设备并减少停机损失

在发电管理场景，电力企业通过 AI 分析发电机内 IoT 传感器收集的电气元件信息，提前找出潜藏问题，及时安排检修。在最初的设计中，IoT 传感器通过收集发电机各元器件老化程度、故障零件数量和类型等方面的数据来协助电力企业提前准备替换的零件库。随着 IoT 传感器收集的数据增多，在 AI 训练中，发现一些非强关联的数据也可以加强 AI 分析模型的预测准确度，从而增加了 AI 分析仪表盘的维度，如发动机的运转状况、设备健康度、产出能源量等，提高了对潜藏问题的发掘能力，减少了停机损失。

· 电力安全：不是勒索软件攻击会不会发生，而是勒索软件攻击会在什么时间发生

电力作为涉及国计民生的行业，一旦遭遇勒索软件攻击可造成大量的业务停摆，且随着电力行业数字化建设的深入，近年来该行业已成为黑客的首要攻击目标之一。2024 年 8 月，网络安全公司 Bitdefende 公开了 SOLARMAN 和 Deye 太阳能管理平台中的重大安全漏洞，可影响全球 20% 的光伏发电，涉及 190 多个国家和地区的 200 多万个光伏电站。

新型的勒索软件攻击使用 AI 模型批量生成新的病毒样本，这些病毒潜伏期更长、隐蔽性更高，可轻松绕过普通的病毒检测库。例如，非洲某大型电力公司曾经遭受勒索软件攻击，并被要求支付数十万美元的赎金。

AI 在电力行业可通过收集核心业务生产系统的正常行为数据，在

数据存储设备上建立 AI 侦测分析模型，来判断数据存储侧的异常行为（如加密、删除数据等）及短期内的异常存储容量变化，以识别处于潜伏期的勒索软件攻击，降低被攻击风险。

6. 教育科研

教育科研行业正经历由 AI 带来的深刻变革，智能化展现出巨大潜力，它深刻改变了教学、研究与管理方式，同时也给教育科研行业的 IT 系统建设带来了诸多机遇和挑战。

（1）从教学到探索：个性化教学，科研加速，AI 反向赋智人类

智能化在教育科研行业中的体现之一是已经涌现出一批新兴场景应用，通过以大模型为代表的智能化技术与教育科研场景应用深度结合，提升教学和研究的效率与质量。

· 个性化教学方案 / 智能教学辅助

AI 赋能教育教学各环节如图 4-6 所示，AI 根据学生习惯、能力水平和兴趣点提供定制化学习计划和资源，提升其学习评估精准度，提供智能教学辅助。典型的应用包括个性化教学方案、智能教学辅助、多元化教学资源整合、虚拟教室、虚拟学习社区、实时学情监测等，通过智能化的实时反馈不断提升教学质量和效率。

图4-6　AI赋能教育教学各环节

· **AI 辅助科研**

大模型可帮助研究人员快速筛选和分析大量文献，通过语义分析确定研究领域的最新趋势和关键概念。同时 AI 驱动的科学研究（AI for Science）这一新兴科学研究手段正在加速发展，它使用已知科学规律进行建模，同时挖掘海量数据的规律，在计算机强大算力的加持下，进行科学问题研究。例如，医疗领域用 AI 分析海量生物医学数据，以探索新治疗方法和药物。

教育科研智能化应用一方面提升了教育科研工作的效率，另一方面通过数据的汇聚、分析和提取，进一步促进了知识的传承和共享。例如，上海交通大学建设的"交我算"与"教我算"两个平台，覆盖科研和教学服务，需要对接 AI、高性能计算（High Performance Computing，HPC）等不同算力平台，面临着数据访问协议多样、数据访问效率低等问题。因此，这套平台需要建设统一的存储底座，提供多协议互通等技术来满足多样化的应用需求，以便打造成一套高效、高智能的教育和科研平台。

（2）围绕高性能、可靠、安全的数据供应，构筑反向赋智的基石

教育科研行业在深入发展和应用 AI 的同时，也在数据处理上面临新的挑战。

· **超大规模复杂数据集实时分析**

教育科研智能化的特征主要体现在数据量的庞大、数据类型的多样性及数据更新与分析的实时性上。例如，在个性化教学场景中，首先需要智能捕捉、收集学生在上课过程中的表情、动作和行为信息，对视频、图片、文本等多种类型的数据进行综合分析。这使得需要保存的数据量和复杂度都呈现指数级的增长，容量扩展受限、机房空

间受限、功耗受限成为让数据"存不下"的关键痛点。基于综合分析，对学生的未来表现做精准预测，并通过该预测智能推送个性化学习方案及教学调整建议，这对于满足多类型混合负载的海量数据处理实时性要求带来了新的挑战。难以同时满足视频等大文件处理的高带宽要求和 AI 训练、文本等小文件处理的高 IOPS 要求，导致数据"用不好"。

· 数据安全性要求高

AI 时代，数据安全和隐私保护成为重要议题，特别是在涉及敏感的教育信息时数据安全就显得尤为重要。例如，科研机构因其财力雄厚，同时其科研项目往往拥有非常宝贵的数据，其中一些数据涉及尖端研究相关知识产权，更容易成为黑客攻击和勒索的对象。而教育机构面向共享与公开访问的网络设计，以及实验室、办公设备甚至移动设备等多设备、跨人群的广泛接入的特征，更是给数据安全带来了巨大的挑战。

· 数据的高效汇聚与流动

教育科研行业的数据存在资源彼此关联、信息交织汇集、数据来源多样、要素关系分散的特征，需要建立更完善的数据采集和管理系统，实现全局管理和高效流动，以确保不同来源和类型的数据能够被有效利用。随着智能化应用的增加，数据跨组织、跨地域、跨时间、跨领域的共享和协同需求将大幅增加，当前 IT 系统的孤岛化建设将极大制约数据价值的挖掘。

为了应对这些挑战，教育科研行业必须构建更加高效、稳定和可扩展的数据基础设施，包括高效的数据存储解决方案、先进的数据分析工具及严格的数据管理政策。例如北京大学现代农业研究院小麦抗病遗传育种研究组，通过大数据与 AI 应用对作物基因组进行持续研究，以大幅提升主栽小麦品种的韧性。但对作物基因组的研究分析过程极其复杂，海量数据的处理和读写带来了巨大的挑战。首先，作物基因组研究中产生了大量的基因组测序、表达谱测定、单核苷酸多态性（Single Nucleotide Polymorphism，SNP）分析等数据，需要具有充足容量、巨大吞吐量的数据底座的支撑；其次，由于基因组测序的整个过程会有持续化的碎片文件读写，绝不允许被中断，这就要求支撑测序应用的存储系统需要具备极致的稳定性和可靠性，以确保数据不会丢失或损坏；最后，冷冻电镜和基因数据分析工作对存储系统的整体性能、小文件处理能力提出了更高的要求。因此，如何实现海量的作物基因组数据的存放、无中断访问、高性能访问，成为该团队需要解决的首要问题。

7. 医疗

作为知识密集型行业的代表，医疗行业相对更加容易获益于生成式 AI。AI 正在为医疗行业注入新的活力，被应用于辅助诊疗、药物研发、疾病预警等。与此同时，如何共享和汇集数据，并保护患者隐私和医疗数据安全，成为医疗行业拥抱 AI 所面临的挑战。

（1）从诊疗到预防：辅助提升诊疗效率，加速康复，减少疾病

随着 AI 技术的不断发展，AI 与医疗行业的结合越来越深入，在医疗行业的应用也越来越广泛，AI 给医疗行业带来的变化更加显著。"医疗 +AI"应用场景如图 4-7 所示，在辅助诊疗、药物研发、疾病预警等多个应用场景中，AI 都发挥着重要作用。未来，AI 在医疗行业的发展趋势将深刻影响医疗行业的格局和患者的就医体验。

图4-7　"医疗+AI"应用场景

- **辅助诊疗**

AI技术在基层卫生健康服务中的应用试点启动并实施，形成了可复制使用的医学AI基层辅助诊疗应用系统。这些系统通过智能分诊、AI辅助诊疗等方式，帮助医生提升诊疗水平，赋能基层诊疗。例如，某款使用AI智能分割及规划算法的设备适用于脑出血抽吸引流、颅内活检等临床场景，它通过AI找到斑块位置，精准定位脑出血点，协助医生完成手术，提高了手术安全性和精准性。

- **药物研发**

传统的药物研发遵循"倒摩尔定律"，而AI技术通过数据和算法模型建立的优势，正在为药物研发带来变革。使用深度学习模型可以更快速地分析分子结构，从而加速新药的发明并减少昂贵的实验成本。例如，某研究团队利用AI成功地发明了一种能够对抗抗生素耐药细菌的药物，该药物在短短21天内被发明，并在46天内完成了实验验证，比传统的药物研发过程快了数年，大大缩短了药物研发时间，降低了药物研发成本。

- **疾病预警**

AI与大数据模型的应用使得疾病预警有了工具。通过分析国际卫生部门发布的各种疾病的资讯和信息，AI 可以帮助疾控等部门更准确地预测疾病的发展趋势和高发期，从而使相关部门提前采取相应的防控措施。例如，AI 可以"收集"眼科医生无法识别的细微信息，通过大数据模型分析某种疾病患者的视网膜变化，最终完成具有明确标记的疾病检测任务。

（2）打通诊疗数据共享，保护数据安全和病患隐私

随着 AI 技术在医疗行业的广泛应用，医疗行业也面临着数据收集难、隐私数据泄露、被勒索软件攻击等诸多挑战。

· **数据收集难**

AI 以数据为"食"，它获得的数据越多、质量越好，越能在任务中表现出色。收集的数据必须来源可靠，从不可靠的来源收集数据可能会对 AI 训练的输出产生不利影响。因此，为了获得准确的输出，医疗机构必须从可靠的来源收集训练数据，如从患者的历史记录和当前病历中收集可靠的数据。

· **隐私数据泄露**

医疗行业拥有大量敏感数据，如患者的身份信息、健康状况、疾病诊疗情况、生物基因等信息，这些数据不仅涉及患者隐私，还具有特殊的敏感性和重要价值，一旦泄露，可能给患者带来身心困扰和财产损失，甚至对国家安全和社会稳定造成负面影响，因此医疗行业的数据安全非常重要。

然而，医疗 AI 的研发与应用，必须使用大量的医疗数据来进行模型训练，数据量越大、越多样，模型分析和预测的结果将越精准。但数据收集、分析处理、云端存储和信息共享等大数据技术的应用，增加了数据泄露的风险。

· 被勒索软件攻击

AI 技术的发展使得勒索软件可以更精准地选择目标、制定攻击策略，并且更具欺骗性。通过分析目标的数据和行为模式，勒索软件可以更精准地选择目标，并制定更有针对性的攻击策略。此外，AI 可以使勒索软件在攻击过程中更具自适应性，能够根据受害者的反应来调整攻击方式，提高攻击成功的概率。如图 4-8 所示，2023 年勒索软件攻击事件受害者行业分布，医疗行业已经成为勒索软件攻击的重灾区。自 2022 年以来，全球已发生 500 次公开确认的针对医疗保健组织的勒索软件攻击，导致近 1.3 万个独立设施瘫痪，并影响近 4900 万份患者记录。这些攻击导致的仅由停机造成的经济损失就已超过 920 亿美元。据第三方统计数据，医疗行业连续 12 年成为数据泄露成本最高的行业，2022 年医疗机构的该数据高达 1010 万美元，与 2020 年相比激增 42%。

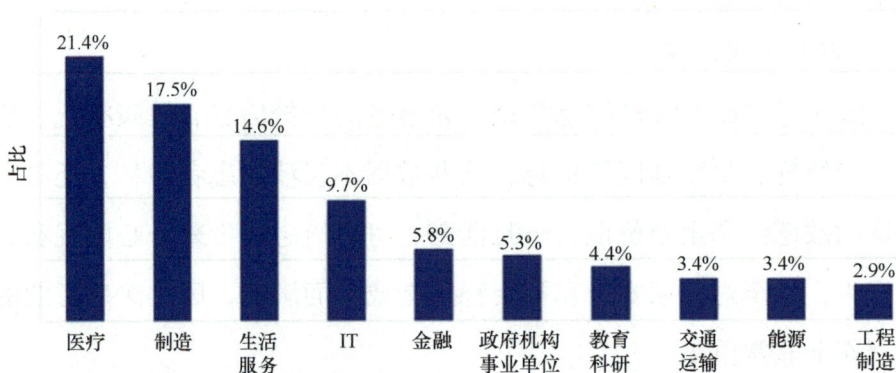

注：图中所列行业之外的其他行业共占11.6%。

图4-8　2023年勒索软件攻击事件受害者行业分布

为了有效应对诸多数据层面的挑战，医疗行业亟须采用专业数据存储产品，通过专业的存储内生安全、容灾备份、安全可信数据流动、防勒索保护技术等，让数据存得下、存得放心、用得安心，助力 AI 加速医疗行业迈向智能世界。

4.1.2　数智化发展的关键要素

今天，数字化和智能化正在不断改变包括金融、运营商、政务、制造、电力等在内的多个行业的面貌。

数字化将人类社会生产和日常生活中所产生的信息转变为数字化格式的数据，极大地提高了信息记录、处理和传播效率。智能化通过 AI 算力，基于数字化所产生的数据进行训练和推理，最大限度地释放了数据价值。

数据是数字化和智能化之间的纽带：数字化为智能化提供必需的数据，智能化通过释放数据价值牵引更多业务场景积极拥抱和扩大数字化，而数字化的走深向实又产生了更多的数据。可以看到，数字化和智能化相互依赖，又相互促进，最终将逐渐融合为数智化。数智化是数字化被赋智后的自然延伸，它通过学习数据产生智能，并将智能应用于数字化，进而推动各行业数字化向更高效、更智能的方向发展。随着技术的不断进步，数智化将继续深化其在各个领域中的应用，推动社会向智能世界迈进。

数据通过帮助数字化和智能化的加速运转，成为两者融合为数智化的基石，是千行百业步入数智时代的关键要素。

4.2　行业数智化呼唤海量高质量数据

4.2.1　数据觉醒：充分发挥历史数据价值

数据的规模和质量决定了 AI 所能达到的高度。以 GPT 为例，

GPT-1 采用了 4.8 GB 原始数据进行训练；GPT-2 采用了 40 GB 经过过滤后的数据进行训练；GPT-3 采用了 570 GB 数据进行训练，而这 570 GB 数据来自对 45 TB 原始数据的过滤；ChatGPT/GPT-4 在 GPT-3 训练数据的基础上，加入了高质量的标注。从 GPT-1 到 GPT-4，虽然模型架构相似，但模型参数规模、数据集规模和质量不同，因此产生了不同的大模型训练结果。GPT 的演进，用事实证明了许多 AI 学者的观点：AI 以数据为中心。

当前，大模型正服务于千行百业，但也面临着海量、优质的行业数据严重匮乏的挑战。行业数据包含行业特有的知识、术语、规则、流程和逻辑，这些数据往往难以在通用数据集中被包含。与此同时，行业数据比较稀缺，据北京智源 AI 研究院统计，当前已知的所有开源行业文本类数据集仅有约 1.2 TB，远远无法满足千行百业的模型需求。

数据短缺成为 AI 发展的瓶颈，体现在以下 3 个方面。

数据驱动决策：AI 系统的决策基于数据。从金融预测到医疗诊断，数据支持着 AI 系统的智能决策。

迭代改进：数据赋能 AI 系统不断迭代和改进。通过分析用户反馈、监控性能指标和更新数据，AI 可以不断优化自身。

个性化体验：数据使 AI 能够为每个用户提供个性化体验。例如，推荐算法可根据用户的历史行为和偏好来推送内容。

1. 数据觉醒是从数字时代向数智时代演进的必经之路

（1）激活业务闲置数据

业务运转过程中会产生大量的数据。一部分数据是热数据，被频繁访问，随时可能被修改。另一部分数据，则随着时间的推移，热度逐渐降低，虽然依然保存在主存储中，但是几乎不太可能被再次访问，例如大量的医疗影像数据，在患者痊愈后，相关医疗影像数据可能就不会再被访问，进入闲置状态，直到主存储被占满后，会被转移到其他存储上。

随着大模型规模不断扩大，人们对训练数据的需求呈指数级增长。将闲置的业务数据用于训练，可有效帮助大模型训练。

（2）唤醒历史数据

企业档案、历史记录、文献资料等历史数据，正逐渐被挖掘和利用。这些数据蕴含着宝贵的历史信息，且数量巨大，可以用于模型训练、趋势洞察，以及异常检测和故障预测。

模型训练：历史数据包含过去的经验、事件和知识。通过唤醒这些数据，可以获得更丰富、更多样化的训练样本，用于训练机器学习模型。这有助于提高模型的准确性和泛化能力。

趋势洞察：历史数据可以用于预测未来趋势。通过分析历史数据，可以发现模式、周期性和趋势，从而预测未来可能发生的事件。这对于业务决策和规划至关重要。

异常检测和故障预测：历史数据中的异常情况和故障信息可以帮助我们构建异常检测和故障预测模型。这些模型可以用于实时监测，以便及早发现潜在问题，从而避免损失。

2. 为了确保 AI 的持续进化，必须投资高质量训练数据的收集和管理

维基百科当前的内容规模约为 4.2 亿个单词。根据 ARK Invest 的 *Big Ideas 2023* 报告，到 2030 年，模型训练需要使用惊人的 162 万亿个单词。AI 模型规模的增大和复杂性的增加无疑将增加对高质量训练数据的需求。

在计算规模不断扩大的世界中，数据将成为 AI 发展的主要制约因素。随着 AI 模型变得更加复杂，对多样化、准确和庞大数据集的需求将继续增长。在管理各种历史数据、唤醒历史数据的过程中，需要关注如下 3 个方面。

（1）数据来源多样化

从各种来源收集数据有助于确保 AI 模型在多样化且具有代表性的样本上进行训练，从而减小偏差、提高模型整体性能。而对数据基础设施的要求是：具备大容量，能够存储大规模的数据集，其中包括多样化来源的数据集；能够快速读写和检索数据，以满足训练模型的需求；能够保护数据免受未经授权的访问和损坏，并确保数据的持久性和可靠性。

（2）确保训练数据质量

训练数据的质量对 AI 模型的准确性和有效性至关重要。要确保数据质量，应优先考虑数据清洗、标注和验证，以确保拥有高质量的数据集。此外，使用加载了数据标注、数据清洗等技术的数据基础设施，有助于最大化训练数据的价值。对数据基础设施的要求是，具备大容量以存储高质量的数据集，最重要的是可以实现近存计算，在存储侧构建数据清洗、标注和验证的能力。

（3）解决数据隐私问题

随着对训练数据的需求的不断增长，解决数据隐私问题、确保数据收集和处理遵循道德准则并遵守数据保护相关法律法规至关重要。采用隐私计算等技术有助于保护个人隐私，同时能为 AI 训练提供有价值的数据。

4.2.2　数据生成：让数据为数智化而生

千行百业的数智化进程中，不管是对基础大模型进行二次训练和监督微调，还是基础大模型的应用推理，均离不开大规模高质量数据。实践中，大多数企业通过唤醒历史数据、采集并保存更多生产数据、人工合成数据这几种方式相互配合，为 AI 算力提供数据。

将海量历史数据唤醒，利用这些历史数据进行大模型训练和推理，有效助力了大模型的高速发展。在 AI 发展过程中，人们逐渐意识到，这些海量历史数据虽然对 AI 起到了不可替代的作用，但并非为 AI 而生，在数据采集频率、数据格式、数据多样性、数据留存等维度，均存在可以改善的空间。

例如，某工厂的汽油储罐需要进行泄漏监控和检测，以往，该工厂采用的是"摄像头 + 人工检查"的方式。随着机器视觉大模型的成熟，该工厂可以利用 AI 对汽油储罐上的油斑进行实时分析，以提前发现泄漏隐患。但是，原有监控系统仅保留最近 30 ～ 90 天的监控数据，缺少历史上泄漏隐患暴露前的油斑视频数据，这让 AI 训练缺少了相应的数据。另外，除了缺少历史视频数据，旧摄像头的清晰度也可能仅支持人类肉眼预判隐患，而 AI 需要分析清晰度更高的视频，才能更加精确地预判隐患。

可见，在 AI 的驱动下，人们不仅要思考如何利用好已有的历史数据，还要思考如何在既有数字化业务中改进数据生成的方式，通过扩大数据规模、提高数据质量来加速千行百业从数字化到数智化的转型。除了在现实业务中生成更多高质量数据，对于某些难以在实践中获取的数据，还可以考虑采用数据合成的方式来获取。

一般来说，可以使用 5F 方法来思考如何生成、采集和留存更多的高质量数据供 AI 使用，如图 4-9 所示。

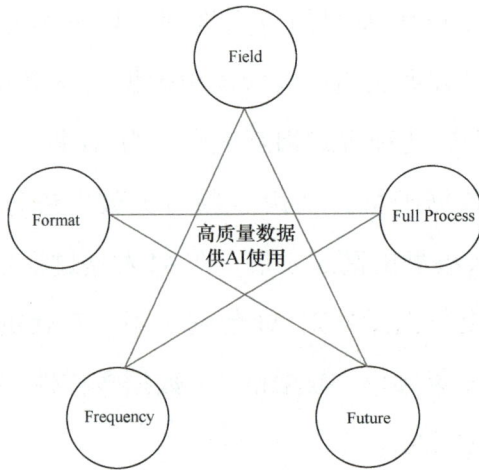

图4-9 使用5F方法思考高质量数据的生成、采集和留存

5F 方法是一个思考框架，可帮助行业用户从 5 个维度思考如何生成、采集、留存更多高质量数据供 AI 使用。这 5 个维度分别是：Field（数据生成 / 采集现场）、Format（数据生成 / 采集格式）、Full Process（业务全流程数据）、Frequency（数据生成 / 采集频率）、Future（面向未来的数据留存周期）。

1. Field

数据产生于不同的区域和设备，有的产生于偏远户外，例如油气勘探、远洋科考产生的数据；有的产生于室内，例如智能电表、智能家居产生的数据；有的产生于终端设备，例如手机、办公便携设备等产生的数据。

在大模型出现之前，人们大多在不同的区域和设备上采集、记录当前可以被处理的数据。以智能电表为例，最开始仅用于取代人工抄表，由于它可以实现自动读表（Automatic Meter Reading，AMR），若配以高级计量基础设施（Advanced Metering Infrastructure，AMI），就能对用电情况进行实时分析，支撑输电、配电的高效运作。实际上，现在已经有部分电力公司在探索利用智能电表收集更多的环境数据，如温度、湿度、气压、噪声等相关数据，并借助 AI 进行更加精确的分析和预测，以提升能源使用效率。例如，区域 A 的平均气温为 30℃，但该区域的湿度高达 90%，而另外一个区域 B 的平均气温为 35℃，且湿度低于 5%。虽然这些数据与供电不直接相关，但是电力公司可以基于这些数据做出预判：区域 A 的住户开启空调的概率高于区域 B 的住户，进而对不同区域的供电提前进行部署。

2. Format

因为要考虑需求、预算等因素，人们在数字化建设过程中会选择适合当前业务的解决方案，而过去 AI 大概率没有被当作一个因素。今天，随着 AI 逐渐走进千行百业，在数字化建设过程中，AI 必须作为考虑的因素，而数据格式是 AI 这个因素的一个重要维度。

数据格式，泛指信息以怎样的方式被数字化。例如，对于一段音频，WAV、FLAC、MP3 等就是不同的格式；对于一张图片，JPG、GIF、PNG 等就是不同的格式。除了这里提到的编解码格式，清晰度、分辨率等也属于数据格式的范畴。

针对数据格式，需要考虑其是否可以满足当前及可见的未来 AI 的需求。

3. Full Process

现在的 AI 训练，主要还是在学习结果，尤其是正确的结果。而人类实际上的学习过程，不仅通过学习正确的结果来获取知识，还会通过学习错误的结果、学习计算 / 推导过程来获取知识，例如代码编程、图纸设计等。

AI 在持续提升其能力的同时，也在探索对错误的结果数据、计算 /

141

推导过程数据的学习。而实际上，我们现在对于错误的结果数据、计算/推导过程数据的保存是不完善的，并没有将这些数据纳入我们的数字化进程中。在 AI 时代，随着上下文窗口的持续增大，相信针对这种类型的数据的学习，将会是帮助 AI 实现进一步跃升的关键。

4. Frequency

数字时代，人们在生产过程中，对数据的采集和留存，整体上有两种场景。

产生多少数据，就记录多少数据，并匹配相应的计算资源和网络资源，对这些数据进行处理。典型的场景是金融行业中的在线交易。

对产生的数据进行周期性采样，并保存采样数据。采样周期一般取决于业务系统当前的处理能力和精度。典型的场景是科学研究中的气象监测、科学育种等。

随着 AI 带来超大规模算力，针对上述第二种场景，现在的情况已经逐渐转变为"数据饥饿"，即 AI 算力等待更多的高质量数据输入。人们应该思考如何适度超前地提高数据收集频率并将这些物理世界中产生的高质量数据有效保存，为 AI 提供更多的数据"燃料"。

5. Future

在大模型出现之前，数据被长期留存的主要目的是作为存档以备后续查阅。现在，对于数据需要被留存的时间，除了满足法律法规要求的最短留存时间，需要充分考虑 AI 的发展，提前对数据的留存时间进行规划。即便现在用不到这么多的数据，也需要为未来做提前思考，做到适度提前。

例如，某国海关要求人员出入境记录留存 5 年，以供人们按需查询近 5 年的出入境记录等。但随着大模型持续成熟，只留存 5 年的出入境记录可能会逐渐无法满足大模型训练的需求，该国海关正在考虑将这些数据留存更长的时间，例如延长到 10 年甚至 20 年。

4.2.3　数据合成：为数智化制造数据

数据合成是一种通过计算机算法生成人工数据的方式，它模仿现实世界真实数据的统计特性和特征，但并不包含或仅包含一部分物理世界的真实数据。通过数据合成得到的数据，被称为合成数据，它可以用于多种目的，包括数据增强、数据隐私保护，以及在数据稀缺的情况下进行模型训练和测试。

合成数据的生成方法主要有以下 4 种。

1. 基于统计分布的数据合成方法

基于统计分布的数据合成方法首先分析真实数据集的统计分布，找出其在统计学上的分布规律，例如正态分布等；然后，数据专家基于这些分布规律，从零开始或者基于特定的初始数据集进行数据合成，进而创建出在统计学上与原始数据集相似的数据集。

2. 基于机器学习的数据合成方法

基于机器学习的数据合成方法与第一种方法本质上是相同的，唯一的不同是这种方法依靠训练机器学习模型来理解真实数据集的统计分布，并基于模型来生成数据，获得与真实数据具有相同统计分布的合成数据。

3. 基于生成式 AI 的数据合成方法

基于生成式 AI 的数据合成方法通过对生成式 AI 进行提问或者提示，引导生成式 AI 产生文字、图片、音频、视频等数据。基于生成式 AI 的数据合成与基于机器学习的数据合成有一些相似之处，一般来说，前者用于生成较为通用的文字、图片等数据，而后者多用于生成科研场景所需要的数据。

4.基于随机算法的数据合成方法

在消除原始数据中的敏感数据和保护个人隐私方面，随机算法可以很好地合成虚构的姓名、家庭住址等敏感数据，帮助原始数据集脱敏。

合成数据的优势包括无限生成数据的能力、隐私保护、减小偏差及提高数据质量。它允许组织在不违反隐私、法律法规的情况下使用数据，同时提供了一种经济、高效的方式来获取更多数据。

然而，合成数据也有局限性，例如合成数据可能无法完全捕捉真实数据的复杂性和多样性，且其生成过程可能需要高水平的专业知识和技术。

只要正确认识合成数据、合理利用合成数据，那么合成数据就是对在物理世界中获取的原始数据的有益补充，可以应对数据稀缺和隐私保护等关键挑战，从而在 AI 研究和应用开发中发挥巨大作用。

4.3　数智时代数据基础设施展望

在数智时代，大模型的多模态发展对存储和计算能力的需求显著提升。存算分离架构通过扩展独立的计算与存储资源，简化管理，提高计算资源利用率，以适应 AI 全流程的需求。全闪化存储提升了数据处理效率，满足了数字化转型和智能化变革的需求。数据存储安全在智能化变革中至关重要，用户需要构建主动、全面的数据安全体系。AI 数据湖平台实现了对数据的高效管理和利用，训 / 推一体机则加速了 AI 技术落地，助力企业实现数智化转型。这些技术共同构成了企业数智化转型的重要基础。

4.3.1　基于存算分离架构的AI-Ready数据基础设施

以存算分离架构部署 AI-Ready 数据基础设施，加速智能涌现。

大模型走向多模态，同时 AI 算力集群规模和数据规模持续扩大；系统管理复杂度日益增长，数据存力逐渐成为 AI 持续高速增长的关键。

存算分离架构的灵活性和独立可扩展特征，可有效简化智算集群的管理，方便计算和存储分别按需扩展。在此架构下，具备灵活横向扩展、性能线性增长、多协议互通等能力成为对数据基础设施的基本要求。

1. 大模型发展趋势

（1）大模型走向多模态，数据规模持续增长、数据类型日趋复杂

随着大模型从 NLP 走向多模态，数据快速膨胀，带来了数据规模的持续增长和数据处理复杂度的大幅提升，如图 4-10 所示。例如，过去进行 NLP 时，参数规模通常在千亿级左右，训练数据都是简单的数字、文本、图片、音频等。而到了多模态大模型时代，参数规模已经达到了万亿，甚至十万亿级，训练数据增加了视频、3D 数据、4D 数据等，一条训练数据可能有几十 GB。数据访问方式、数据归集方式、数据组织形式都发生了根本性变化。

（2）伴随 AI 算力集群规模越来越大，算力利用率持续降低

大模型的训练和推理过程，主要分为 4 个阶段，即数据获取、数据预处理、模型训练、模型推理。AI 全流程与计算处理流程和数据存取流程的关系如图 4-11 所示。

145

盘古NLP
原始数据量：380 TB
每天数据处理量：3 TB
模型规模：千亿级

GPT-4/Gemini 1.0
原始数据量：50～100 PB
每天数据处理量：约100 TB
模型规模：万亿级

Sora
训练数据量：1亿分钟视频，10^{14} Token
数据获取方式：多模态原始语料枯竭，需要整合成生成

10000 倍剪刀差

数据处理复杂度 >10倍

数据膨胀 >1000倍

超过10倍复杂检索、临时数据、格式转化

小I/O访问

数字
5 KB/record

文本
500 KB/record

图片2D
500 KB～2 MB/picture

音频
1～5 MB/song

视频
8 MB～5 GB/movie

Hi-Res:3D
50 GB/object

4D
100 GB/capsule

转化 黄嫖对分

编码 美字对分

裁剪 水印对分

插值 人脸识别

调频

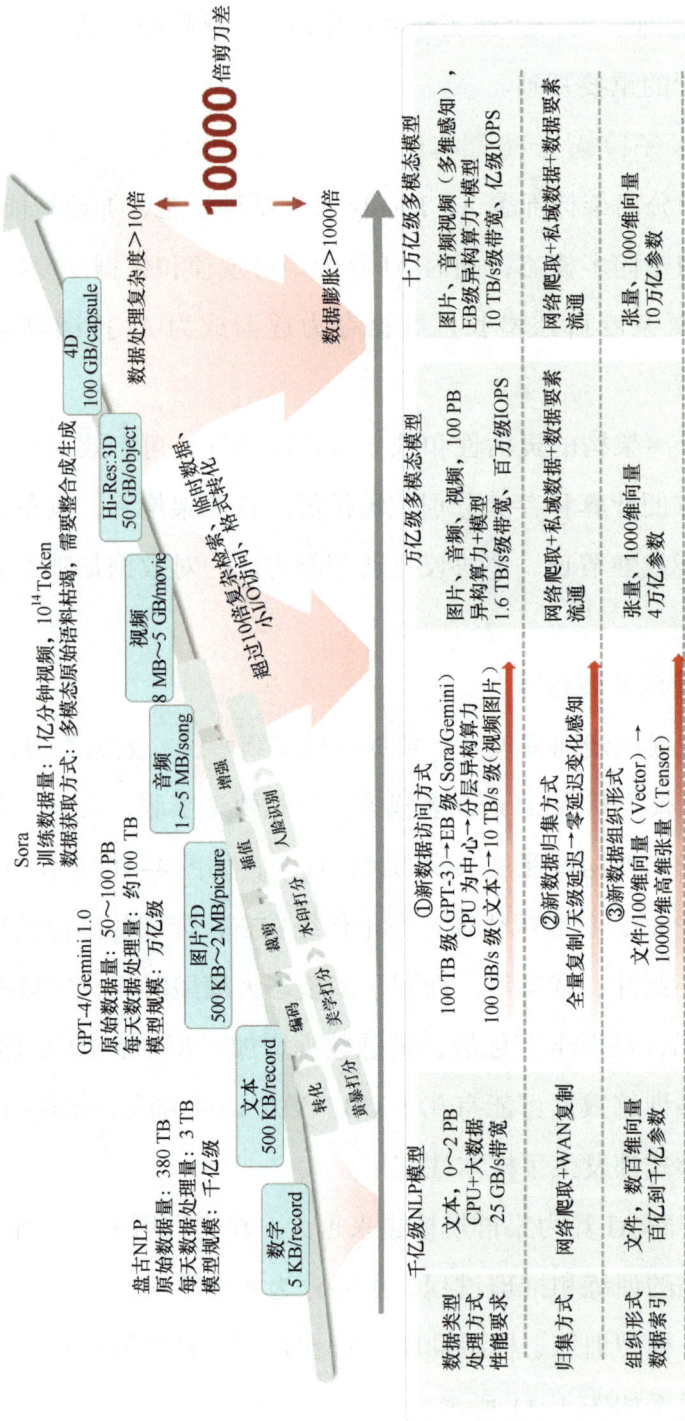

	千亿级NLP模型	万亿级多模态模型	十万亿级多模态模型
数据类型 处理方式 性能要求	文本，0～2 PB CPU+大数据 25 GB/s带宽	图片、音频、视频，100 PB 异构算力+模型 1.6 TB/s级带宽、百万级IOPS	图片、音频视频（多维感知），EB级异构算力+模型 10 TB/s级带宽、亿级IOPS
归集方式	网络爬取+WAN复制	网络爬取+私域数据+数据要素 流通	网络爬取+私域数据+数据要素 流通
组织形式 数据索引	文件，数百亿向量 百亿到千亿参数	张量，1000维向量 4万亿参数	张量，1000维向量 10万亿参数

① 新数据访问方式
100 TB级（GPT-3）→EB级（Sora/Gemini）
CPU 为中心→分层异构算力
100 GB/s级（文本）→10 TB/s级（视频图片）

② 新数据归集方式
全量复制/天级延迟→零延迟变化感知

③ 新数据组织形式
文件/100维向量（Vector）→
10000维高维张量（Tensor）

图4-10 大模型走向多模态、数据规模越来越大、类型越来越复杂

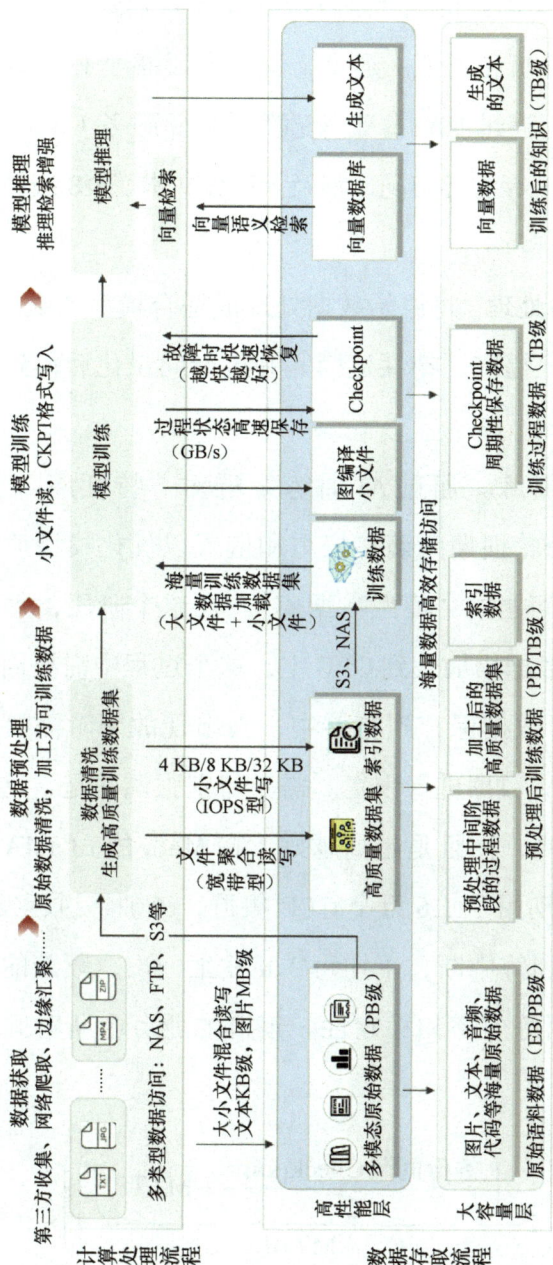

图4-11　AI全流程与计算处理流程和数据存取流程的关系

147

阶段一：数据获取。将不同数据源的数据导入存储设备，通常采用数据湖。使用 Spark 等分析软件进行数据收集、过滤、聚类和索引，以便以后对数据进行分析和处理。通常，这个阶段需要 EB/PB 级的原始语料数据，数据读写通过 NAS、亚马逊简单存储服务（Amazon Simple Storage Service，S3）等进行访问，涉及 KB 级文本、MB 级图片等，是一个混合 I/O 读写模型。

阶段二：数据预处理。将原始数据处理成适合模型的数据。通过数据预处理，进行特征提取、特性建模，并进行向量化后得到的数据结果被称为"特征库"。

阶段三：模型训练。通过 AI 训练集群对"特征库"进行轮训（Epoch），并在每个轮训期间调整权重和偏置以优化模型质量，最终输出能够解决某类问题的"模型数据库"。在这个阶段，每次训练前需要将海量的训练数据集加载到 GPU 中，这个过程中需要周期性地将 TB 级的 Checkpoint 数据保存到存储中，当出现故障时需要从存储中快速加载 Checkpoint 数据进行恢复。需要特别强调的是，这个过程对存储的性能要求极高，而且是越高越好。在 Meta 的 LLaMA 3 大模型训练过程中，Meta 动用了 1.6 万个 GPU 集群，该训练过程发生了 419 次意外故障导致的训练中断，平均每 3 h 发生一次，频繁的故障严重影响了 AI 模型的训练效率和稳定性。集群的业务中断时间计算方式如下。

$$中断时间 = \left(1 - \left(1 - \frac{\left(\frac{备份间隔Checkpoint}{2} + MTTR\right)}{MTBF}\right)\right) \times 365 \times 24$$

因此，在每次发生故障后如何快速读取数据、尽快恢复训练就显得尤为重要。以 Checkpoint 的读写为例，训练过程中每个 NPU 会同步写一个 Checkpoint 分片，所有 NPU 产生的 Checkpoint 分片最终拼装成一个完整的 Checkpoint。任何一个 Checkpoint 分片错误都将导致这个周期的训练无效。

如图 4-12 所示，每个训练节点在 T_0 时刻产生 N 个 Checkpoint 分片，这些 Checkpoint 分片可以组合成一个 T_0 时刻完整的 Checkpoint 0（CKPT 0）。如果这些 Checkpoint 分片保存在服务器的本地盘中，那么所有节点会通过异步方式将其同步至外置存储中。

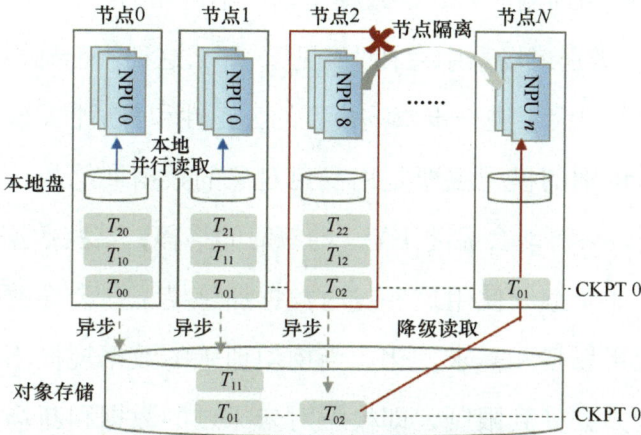

图4-12　节点发生故障导致训练无效

如果节点 2 发生故障，此时训练任务首先会删除该故障节点，切换至新的节点 N，但由于服务器的本地盘无法共享数据，所以只能从外置存储中进行加载。由于采用的是异步同步机制，只能加载数个周期以前的 Checkpoint 分片，这会造成这数个周期的训练无效。另外，外置的对象存储往往性能很差，加载时间很长，在这个加载过程中，整个训练任务处于等待状态，1 个节点发生故障降低了整个集群的恢复效率。

阶段四：模型推理。用户输入查询问题时，为了提升大模型推理的准确性，避免其出现 AI 幻觉，企业一般都会利用私域知识对大模型进行微调，并通过 RAG 提升大模型回答问题的准确性。

（3）AI 幻觉普遍存在于 AI 推理过程中

导致 AI 幻觉发生的原因是多方面的，具体如下。

通用大模型的数据质量不高、规模不够大。如果使用不准确或者错误的数据进行训练，大模型就会产生 AI 幻觉。大模型训练所使用的数据可能包含错误信息，这些信息可能来源于数据收集过程中的错误、数据处理阶段的错误，或者历史数据遗留问题。不准确的数据会直接影响模型的判断和预测能力，导致模型输出不可靠的结果。如果训练数据在不同群体、类别或场景中存在"偏见"，那么这种不准确性会在模型的推理结果中被放大，进一步影响模型的公正性和普适性。例如，如果一个用于对象识别的模型主要是用浅色对象的数据训练的，它对深色对象上的识别效果可能会显著下降。随着时间推移，某些数据可能会失去现实意义，如果继续使用这些过时数据训练模型，会导致模型无法适应最新的应用场景和需求变化。当模型训练的数据规模不够大时，模型的泛化能力会受到限制，即模型对未见过的数据和新场景的适应性较差。这通常表现为模型在训练集上表现优异，但在实际应用中或测试集上的准确性明显下降。大规模数据集应涵盖丰富的场景，具备多样性，以确保模型具备广泛的知识理解和处理能力。若数据规模虽大但其多样性不足，同样会限制模型的应用范围和性能表现。

通用大模型运用于行业中进行二次训练和微调时，所用行业数据不够多、规模不够大、数据质量不高。当行业数据有限时，通用大模型在进行二次训练和微调时，容易在少量的训练数据上过度拟合，导致其在新的、未见过的数据上表现不佳，这种情况在机器学习和深度学习中十分常见，特别是在复杂的模型中。另外，小规模的数据集可能不足以涵盖行业中所有重要场景，这会导致模型的训练不具备足够的代表性，从而在实际应用中出现预测偏差。特定行业的数据分布可能存在明显的长尾效应，即大部分数据集中在少数类别上，而其他类别数据稀少，这会导致模型在常见类别上表现良好，而在少数类别上表现较差。如果行业数据质量不高，例如包含噪声或者错误信息，标注不一致，甚至关键信息缺失，都将影响模型的判断准确度，进而影响最终的应用效果。

推理缺少行业共识、基础知识或者行业实时信息，时效性不够。大模型如果缺乏对行业共识和基础知识的理解，其推理过程可能无法深入行业实际问题的核心，导致分析结果停留在表面。在行业决策过程中，模型由于缺乏必要的行业背景知识，可能无法提供有效的决策支持，影响决策的准确性和可靠性。行业特有的模式和规律需要大量专业知识支撑才能被模型识别和学习，缺少这些知识的模型难以准确把握行业特性。此外，行业实时信息是模型预测未来趋势的重要依据，对于模型的时效性至关重要，如金融市场的价格变动、供应链管理的库存动态等，缺乏行业实时信息将导致模型输出过时，无法及时响应行业变化。

2. AI-Ready 数据基础设施建设建议

（1）采用存算分离架构，分别部署算力和存力，各自按需演进

在大模型的部署中，将算力和存力分开部署的存算分离架构显得尤为重要，如图 4-13 所示。这种架构不仅能够有效提升资源利用效率，还能为模型训练和推理提供强大的支持。存算分离使计算和存储资源可以独立进行横向或纵向扩展，根据实际需求增减资源，避免过度投资和资源浪费。同时，在现阶段大模型发展中，改变粗放式堆算

力模式，选择高性能、高可靠性的专业外置存储，合理配置存储集群性能，从 AI 训练的全流程角度优化，减少训练任务中断，提升算力可用度。为了保障整个集群的负载均衡，在需求高峰期，可以增加计算资源以处理更大的数据量，而无须担心存储瓶颈；在数据密集型任务中，可以单独增强存储性能，提升整体处理速度。用户可以根据不同资源价格走势和自身业务特点，选择性价比最优的资源组合，有效控制成本。

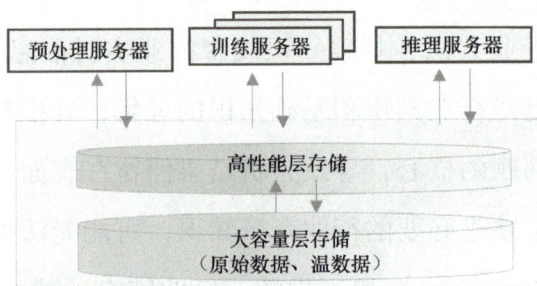

图4-13　存算分离架构助力存力和算力各自按需演进

此外，AI 的发展也伴随着算力、算法和数据的不断向前演进。存算分离架构允许计算资源和存储资源独立进行技术更新和升级。这意味着可以在不影响到另一方的情况下，采用最新的处理器或优化算法提升计算性能，或者采用新的存储技术提高数据读取速度。在 AI 领域，模型和算法的迭代速度非常快。存算分离架构可以快速适应这些变化。例如，当一个新的 AI 模型需要更多的计算资源时，存算分离架构可以迅速增加 GPU 或张量处理单元（Tensor Processing Unit，TPU）节点，而无须担心存储存在瓶颈。由于计算和存储资源是独立的，因此更容易集成最新的技术，如新型神经网络架构或优化算法，只需要在相应的计算或存储层面进行升级即可。传统 AI 训练中，数据集加载时间超过 30 min，断点续训读写保存时间超过 10 min，并且会周期性地进行检查点保存，导致 GPU 资源利用率不足 30%，采用高性能（高带宽、高 IOPS）、灵活可扩展、可靠的专业 AI 存储或存储集群，可提升集群的可用度至 60%（CPU 利用率达 60%），如图 4-14 所示。

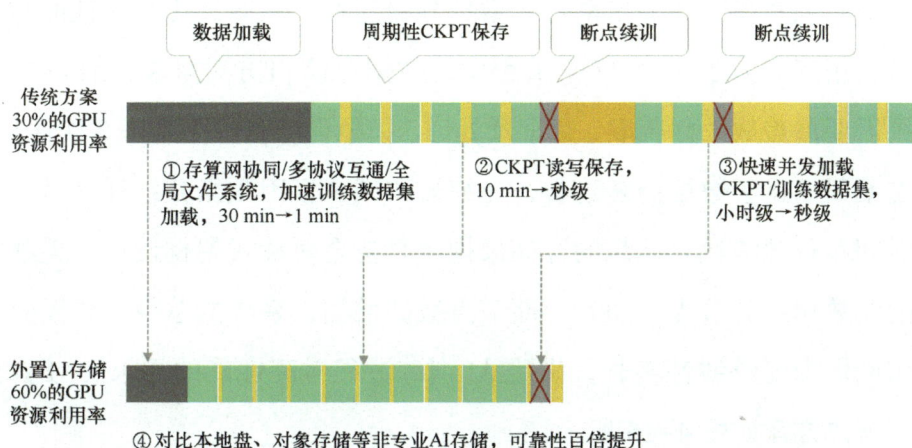

图4-14　高性能、灵活可扩展、可靠的专业AI存储，可提升集群的可用度

（2）数据基础设施具备横向扩展能力，性能随容量线性增长

当前的大模型已经从处理单一类型的数据（如文本等）发展到处理多种类型的数据（如文本、图片、音视频等）。这种多模态甚至全模态的发展路径将使训练数据集的规模从 TB 级上升至 PB 级乃至 EB 级。大模型的参数量也从千亿级向万亿级甚至十万亿级迈进。这意味着所需的计算资源和存储资源将同步增加，存储系统必须能够适应这种变化，提供足够的容量以及与之匹配的性能。存储系统需要支持 EB 级的容量扩展，并且在容量扩展的同时，性能也要随容量线性增长。随着模型复杂性的增加，数据存取和预处理的复杂度也在提升。存储系统不仅要应对大规模数据的高速存取需求，还要支持复杂的数据处理流程，因此存储系统还需要具备支持 GPU、数据处理单元（Data Processing Unit，DPU）、神经处理单元（Neural Processing Unit，

NPU）等的横向扩展能力，用于实现 I/O 处理的提速。AI 存储系统被设计为同时具备高性能层和大容量层，且对外呈现统一的命名空间。这种设计允许在数据首次写入时根据策略将其放置于不同的层，并可根据访问频率和时间等自动进行数据分级迁移，从而优化整体性能与容量利用率。为了应对 AI 全流程中的数据存储和访问需求，AI 存储系统需要覆盖从数据获取、数据预处理、模型训练到模型推理各个阶段。这不仅简化了数据流转过程，还缩短和减少了因数据分级迁移带来的时间和资源消耗。理想的存储架构应具备全对称式架构设计，无独立的元数据服务节点。随着存储节点数的增加，系统的总带宽和元数据访问能力能够线性增长，满足 AI 训练过程对高性能的需求。AI 数据湖解决方案如图 4-15 所示。

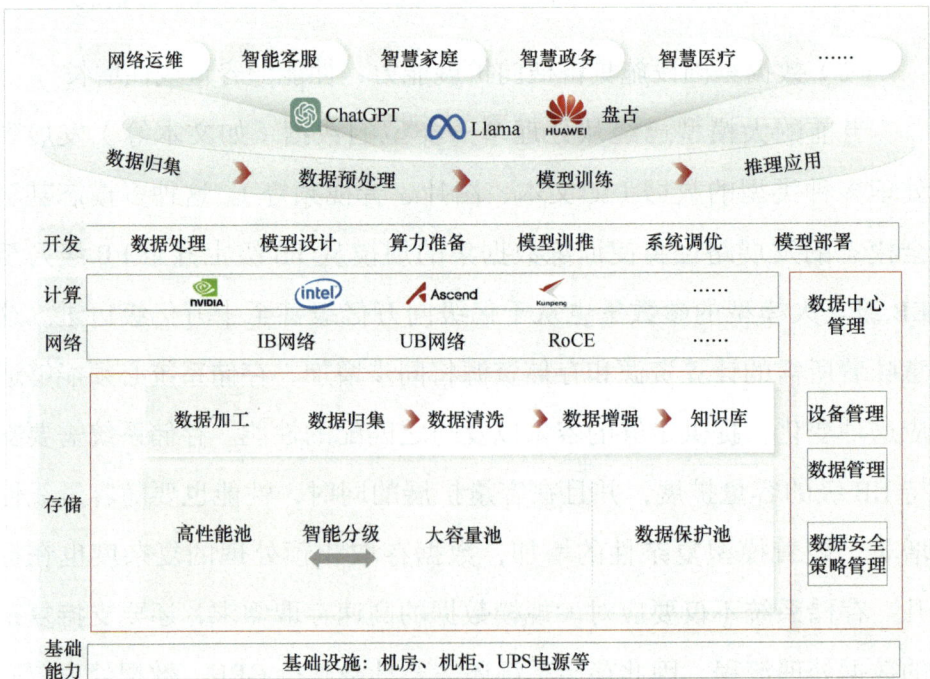

图4-15　AI数据湖解决方案

（3）数据基础设施支持多协议，且协议之间可互通

在 AI 的数据预处理阶段，数据清洗、数据集成、数据转换和数据消减是 4 个关键步骤。然而，这些步骤往往需要耗费大量时间和资源。数据预处理阶段不仅需要处理大量的数据，还需要确保数据的准确性和一致性。由于数据源的多样性和复杂性，处理过程中可能会遇到各种问题，如数据缺失、不一致或冗余等，这些问题都需要仔细处理和验证。因此，数据预处理阶段通常是整个 AI 项目中最耗时的阶段之一，例如 PB 级数据的预处理就会历时数月。

训练准备时涉及亿级文件复制，以天或周为单位，训练准备耗时长。如图 4-16 所示，由于数据协议不同，数据在各种存储间需要多次复制。

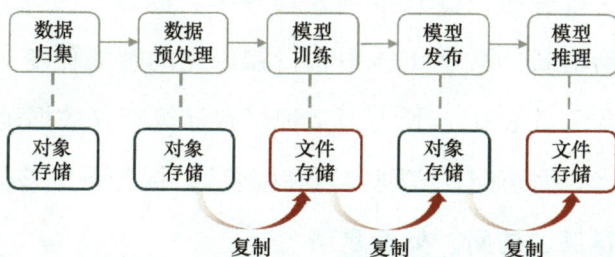

图4-16　数据在各种存储间需要多次复制

例如，华为的盘古小艺语音模型训练时，2 PB 的原始数据，根据上游业务需求，在数据清洗过程中膨胀为超过 30 PB，该过程耗时长达几个月。AI 全流程涉及的工具链可能使用不同的协议。优秀的 AI 存储应该支持 NAS、大数据、对象等多种协议，且各协议语义无损，确保具有与原生协议相同的生态兼容性。另外，在 AI 的各个阶段中，数据应当能够实现零复制和零格式转换。通过全局文件系统和多协议互通来提升数据的准备效率，避免数据在数据中心间、设备间的复制。

数据处理和 AI 训练与推理各个阶段之间不需要复制数据，加速大数据和 AI 平台的部署与并行处理，减少等待时间和性能损失。存储系统还要支持高性能动态混合负载，需要在数据导入、数据预处理、模型训练等阶段同时处理不同大小文件的读写操作，并在这些操作中保持高性能，特别是生成 Checkpoint 时的大量写入操作。

4.3.2　全闪化助力高效数据处理

全闪化提升数据处理效率，加速数据价值释放。

伴随大模型算力集群规模的不断扩大，算力等待数据所产生的算力空载问题日渐凸显，急需提升数据处理效率以提升算力利用率。与此同时，智能化升级也在加速数字化转型，进而产生更多的业务数据，增加了数字基础设施处理数据的复杂度和压力。

全闪化是数智时代提升数据处理效率、满足业务需求的最优解，可以满足不断增长的数字化转型和日益深化的智能化变革的需求；与此同时，配合向量 RAG、长上下文记忆存储等新兴数据范式，全闪化可以有效简化数据访问，实现"以存强算"，提升系统整体性能。

1. 数据存储、访问、处理趋势

（1）海量多源异构数据预处理日趋复杂，传统数据管理走向数据综合治理

当今的数字环境中，社交媒体、IoT 设备、在线交易、传感器网络等丰富的数据来源持续产生数据。在数据冗余与复杂度不断增加的情况下，为了从海量无序的数据中加速汲取"营养"，企业需要剔除无效数据和噪声数据以寻找数据的有效特征和价值，这需要更强大、更智能的数据处理技术来进行数据的存储、治理与分析。

例如，自动驾驶训练需要汇集各种路况、极端天气下的设备运行

状态，以支持不同场景下的行为预测与决策动作。仅 Waymo 一家公司的公开数据集就包括从约 1000 辆测试车在共计 10 万英里（1 英里 ≈ 1.6 千米）的驾驶时长中采集的数据，单辆测试车每天生成 20 TB 以上的原始数据。在日益激烈的市场竞争之下，从测试验证到规模商用的周期被不断压缩，迫使车企要更加快速地从所采集的海量数据中提炼出优质算法，如迁移学习、小样本学习和自监督学习等，以快速提升模型的适应性，而这需要更高的数据读取效率。

在医疗影像分析，如计算机体层成像（Computed Tomography，CT）、磁共振成像（Magnetic Resonance Imagine，MRI）、X 射线（X-ray）等中也是如此。一次全身 CT 扫描会产生数千张图片，数据量可达 GB 级，但真正有诊断价值的决定性信息通常只占很小一部分，一个微小的肿瘤或异常组织可能只占据几张图片的极小区域，其余部分则是正常组织或无关区域，这对关键病灶的识别与筛选效率提出了更高的要求。

另外，传统的数据存储主要关注数据的存取、管理和备份恢复，依赖关系数据库、文件系统等，以确保数据的持久性和可访问性。当今，企业对数据的管理已经逐步走向数据综合治理，强调对数据的全生命周期管理，如整合、清洗、标注、保护、合规处理与价值挖掘等。这通常需要将来自不同系统、不同平台、不同设备的数据集成到统一的数据环境中，来提供全面、统一的数据视图和分析能力，以支持数据的跨部门协作与跨地域共享。例如，零售商通过集成来自线上渠道和线下渠道的数据（如销售数据、客户反馈、库存信息等），提供全渠道的综合客户视图，优化库存管理和营销策略。

（2）更大规模的算力要求数据存储提供更高性能的数据访问能力

深度学习模型中的神经网络层数与参数量越来越多，催生了越来越高的数据维度和越来越大的量级。要训练这些模型，传统的数据处理方法已难以有效支撑，因为传统的关系数据库与存储主要以索引和关系模型为基础，它在处理高维度数据（如嵌入向量等）和复杂查询时效率会显著降低，例如它面对 100 万条记录的响应时间为 1 ～ 5 s，而专为高维度数据设计的向量数据库仅需要几十毫秒来响应。

向量数据库可以在数百万个数据点中快速进行相似度计算和 k 近邻（k-Nearest Neighbor，k-NN）搜索，这对于需要处理大量数据的任务（如图片检索、文本匹配等）非常重要，能够大幅优化模型、提升数据处理效率。例如，在电商营销推荐系统中，以特征向量的格式计算用户和商品的相似度与关系，从而进行个性化推荐。

（3）数据实时处理逐渐成为多种行业的基本需求

随着 AI 技术逐步融入金融交易、自动驾驶、智能制造等行业，不仅需要传统数据分析能力定期处理历史静态数据（如季度报表等），更需要实时处理动态的数据流，这需要系统必须能在毫秒级的时间内处理和分析数据，从而做出准确的决策，以帮助企业获得差异化优势。例如，纳斯达克证券交易所需要处理来自全球各地的市场数据，包括股票价格、交易量、订单信息等，每秒需要处理数百万个订单和数据包，并实时执行交易决策。流式数据处理框架，如 Apache Flink 和 Kafka Streams 的兴起，要求数据存储能够更全面地兼容各种实时数据格式、更快速地响应数据读写请求，让分析和训练更实时，以支持 AI 系统的动态决策。

2. 数据基础设施建设建议

（1）构建以数据综合治理为目的的数据基础设施

数据存储从传统的数据管理走向数据综合治理，一方面可实现海量多源异构数据的快速归集和汇聚，另一方面通过专业的数据预处理工具链，可从海量数据中高效提取所需的训练数据。

综合治理一般分为 3 层。首先是设备管理层，通过数据中心将所有数据存储设备管理起来，做到统一管理、统一运维。其次是数据管理层，借助全局文件系统，将企业分散在所有数据中心的数据都纳入同一张数据地图，实现可视化管理和调度。最后是数据过滤层，只有原始数据过滤处理（也被称为预处理）后形成的高质量数据集，才能被包括 AI 在内的多种分析平台高效处理。

（2）通过全闪化存储和语义创新为算力高效提供数据

全闪化存储可极大地缩短数据读取和写入的时间，能提供更高的 IOPS 和更小的响应时延，可提升现代数据中心的性能，从而满足企业对实时数据处理和分析的极致要求，显著提高数据处理效率。

不论是面向关系数据库的集中式架构，还是面向海量非结构化数据的分布式架构，都可以利用闪存的高性能、大容量、低功耗的特点，在有限空间内提供惊人的性能密度和容量密度，从而满足大规模算力对数据的高速访问的需求，支撑大规模算力发挥其应有的作用。

同时，创新的数据访问语义（如内存语义、向量语义等）可以缩短算力和数据之间的路径，加速算力对数据的访问。

（3）统一数据基础设施平台，实现数据高效流转

统一数据基础设施平台提供对数据全生命周期的管理，使数据的管理从数据生成、存储、处理到最终的归档和销毁，均能高效且可靠地运行。统一数据基础设施平台实现多协议融合互通，使数据可以在不同的存储和计算环境中高效流转，无须进行烦琐的数据迁移操作。这种免迁移的数据流转方式，不仅节省了大量时间和资源，还确保了数据在传输过程中的安全性和完整性，进一步提升了数据处理的效率。

4.3.3 存储内生安全成为基本需求

数据存储是数据安全的起跑线，数据安全不能输在起跑线上。

智能化升级过程，一方面加速了数据基础设施的数字化转型，产生了更多高价值业务数据，另一方面降低了黑客的攻击门槛，让勒索软件攻击更加频繁。

不管是产生了更多数据的数字化，还是持续成长的智能化，均需要在数据基础设施层面构建防治结合的数据安全体系，基于存储内生安全，从被动应对攻击走向主动全面防护。

1. 数据安全趋势

（1）数据量增长而备份时间窗口有限，呼唤更强备份能力

ChatGPT、盘古等大模型的蓬勃发展驱动了数字化领域对于数据价值挖掘能力的需求。各行业利用 AI 技术挖掘大量结构化和非结构化数据中的隐藏模式和知识，揭示其中的关联、趋势和规律，为大模型提供丰富的训练语料，以产生正确的决策结果。这些数据价值挖掘诉求驱动了用户以更高频率收集更多维度的数据，使数据量呈指数级增长，数据价值也比以往更高。

面对数据的爆发式增长，数据备份迎来新的挑战。在数据短期留存场景中，在原有相同大小的备份时间窗口内，备份存储需要完成更多的高价值数据备份任务，这要求有更先进的备份介质和架构，例如采用全闪化的备份介质、利用重删压缩算法、使用数据直通的备份一体机等。对于数据长期留存场景，很多 AI 模型会调取历史经验数据进行二次训练，由于场景不同，时常出现同一份数据有多份数据副本的情况。这使得备份归档介质在解决数据留存期问题的基础上，不仅需要具有温、冷数据自动分级的能力，还需要具备快速切换备份归档数

据的能力。对此，业界厂商已经尝试使用备份归档融合的架构同时保存短期留存和长期留存数据，通过架构内部的自动分级，实现长期留存数据的快速恢复。

（2）AI降低勒索软件攻击门槛，全面数据保护势在必行

自生成式AI出现以来，传统的安全自动化大大提升，但随之而来的是，勒索软件的迭代更加频繁，网络攻击的门槛被大幅降低。有研究表明，由于WormGPT、FraudGPT等工具的出现，生成式AI引发的网络钓鱼邮件攻击数量增长了135%。据2024年最新市场调研报告数据，生成式AI和云的广泛应用使得恶意机器人（Bad Bot）暴涨，占互联网总流量的73%。日本一位没有任何专业IT知识的男子，仅使用生成式AI的问答功能，就制造出能对计算机资料加密、索要赎金的勒索病毒。

同时，生成式AI还可优化勒索软件攻击的攻击方式，使攻击内容更加难以被辨别，如借助机器人自动化攻击手段，黑客可以更快速、准确地扫描漏洞或对网络发起攻击，大幅扩大网络攻击的波及面，增加其有效性。

2. 数据基础设施建设建议

（1）建设全闪存备份存储，提升备份效率

通过全闪存介质实现相同备份时间窗口内更快的备份与更高的恢复效率，利用重删压缩算法在同容量下备份更多副本、恢复更多数据；通过数据直通的三合一架构（备份软件、备份服务器和备份存储）提升可靠性，避免传统服务器堆叠架构的链路闪断风险。针对长期留存和短期留存数据共存的场景，采用备份归档一体架构，将备份归档数据融合，实现数据的无损分级、备份归档数据的无缝切换。

（2）建设多层防勒索安全防护体系，从被动走向主动，做到防治结合

通过结合存储、网络等基础设施，采用多层、端到端的有效防护，可提供对勒索软件攻击的最佳防御。网络与存储多层检测及联动的数据保护，通过有效的攻击前预防、攻击时精准检测及响应和攻击后快速恢复，使勒索软件攻击防御从被动向主动转变，可帮助用户及时发现并拦截勒索软件攻击，保护数据不被非法加密和窃取，并利用存储快速、安全恢复数据，全方位构建多层防勒索安全防护体系。

4.3.4　AI数据湖使能数据可视、可管、可用

建设 AI 数据湖底座，打破数据"烟囱"，实现数据可视、可管和可用。

随着 AI 算力集群规模扩大，海量多源异构数据的管理已经成为主要挑战之一。数据地图绘制、数据归集、数据预处理、海量数据分级管理和安全保护等工作，是大模型训练的首要任务。

只有为数智化转型建设 AI 数据湖底座，基于数据编织能力打破数据"烟囱"，才能实现海量多源异构数据存得下、流得动、用得好。

1. 大模型应用实践趋势

（1）数据逐渐成为 AI 的差异化竞争力

"缺数据，不 AI"已经成为业界共识，数据的规模和质量决定了 AI 所能达到的高度。根据 *2023 Global Trends in AI Report*，构建 AI 基础设施的主要挑战中，数据资产的有序、有效管理超越数据安全与计算性能，成为排名第一的挑战。未来大模型的优劣，20% 由算法决定，80% 则由数据决定。在 DataLearner 大模型综合排行榜中，Meta 的 LLaMA 3 大模型依靠 70B 参数与 15 万亿 Token，获得 82.0 分的高评价，远超 LLaMA 2 大模型依靠 70B 参数与 2 万亿 Token 获得的 68.9 分。企业尤其需要关注行业数据和日常运营数据等核心数据资产的原始积

累，充足且高质量的数据将帮助企业显著提升 AI 训练和推理的效果。

（2）数据资产管理成为企业开展 AI 实践的关键准备

数据质量是数据资产管理的核心之一，在整个 AI 的作业流程中，准备高质量的数据所耗费的时间占整个 AI 作业时间的80%。大多数企业面临数据来源多样、质量参差不齐的挑战，导致很难快速准备好训练 AI 模型所需的大量数据。关键数据资产入库与进行清单化管理是企业开展 AI 实践的关键准备。

在大模型训练环节，高质量的问答（Question Answer，QA）对能够显著改善大模型的模型精调效果。但是，依赖人工生成的 QA 对存在效率低和输出质量不稳定的问题。因此，业界采用 Self-QA 和 Self-Instruct 技术，通过工具自动生成高质量的 QA 对。

在大模型推理环节，RAG 是提升大模型推理精度的关键措施。企业需要将数据资产向量化，然后在向量数据库中进行保存，以便在 RAG 系统中进行高效的信息检索。

（3）从训练走向推理，让 AI 进入千行百业已经成为业界共识

随着大模型参数规模、上下文长度等技术演进，向量数据库容量从千万级跃升至 10 亿级，检索时延和精度随之恶化，重建索引需要数周，阻碍了大模型推理的商业化进程。上下文长度决定了大模型的记忆和推理能力，长序列推理能够使语义更丰富，使生成内容更连贯、准确，因此超长序列推理成为大模型推理的主流技术。但长序列推理也面临诸多挑战，例如推理算力成为瓶颈、推理响应缓慢等。因此，无损成为人们在实现长序列过程中的焦点。为实现无损长序列，人们一方面注意到单服务器推理模式已经很难满足业务诉求，推理走向集群化成为必然选择，另一方面通过模拟人脑的快慢思考方式，基

于强一致性的外置独立存储，构建多层 KV Cache 等技术，帮助推理集群具备长时记忆能力，并在推理集群内以查代算、过程结果共享，减轻推理算力压力。大模型推理的效率和成本，成为商业正循环的核心竞争力。

（4）善于应用 AI 的企业将从竞争中胜出

大模型应用从知识问答、文生图、文生视频等通用应用，演变为"大模型 + Copilot 辅助 +Agent 自主决策"的综合应用。能够熟练评估大模型能力，掌握大模型使用和优化方法，将极大提升企业的综合竞争力。

例如，在金融行业，采用大模型技术可以帮助银行绘制精准的客户画像，从而提供更好的个性化推荐和定制化服务；或者通过人机交互打通智能客服和智能网点等服务流程，大幅提升终端用户体验。

又如，在医疗行业，在就诊之前，采用大模型可以实现精准预约、智能分诊等改善患者院前就医体验；在就诊过程中，AI 辅助诊疗、病历生成等，有效减少医生工作量，提升诊疗效率和诊断质量；在就诊后，AI 通过随访管理、健康宣教等功能，协助患者进行健康管理，从被动治疗转向主动预防。医疗大模型工作流程如图 4-17 所示。

2. 数据基础设施建设建议

（1）建立统一的 AI 数据湖底座，实现全域数据资产的可视化、可管理、可利用

更多行业知识、企业知识的积累，是大模型迭代升级的前提。当前，企业大量的数据资产分散在分支机构、生产现场，这些数据种类繁多且可能来自不同地域的业务系统、不同合作单位或生态伙伴，甚至不同厂商的公有云或私有云，形成一个个数据"烟囱"，制约着大模型应用的健康发展。

企业亟须建立统一的 AI 数据湖底座，实现全域数据资产的**可视化、**

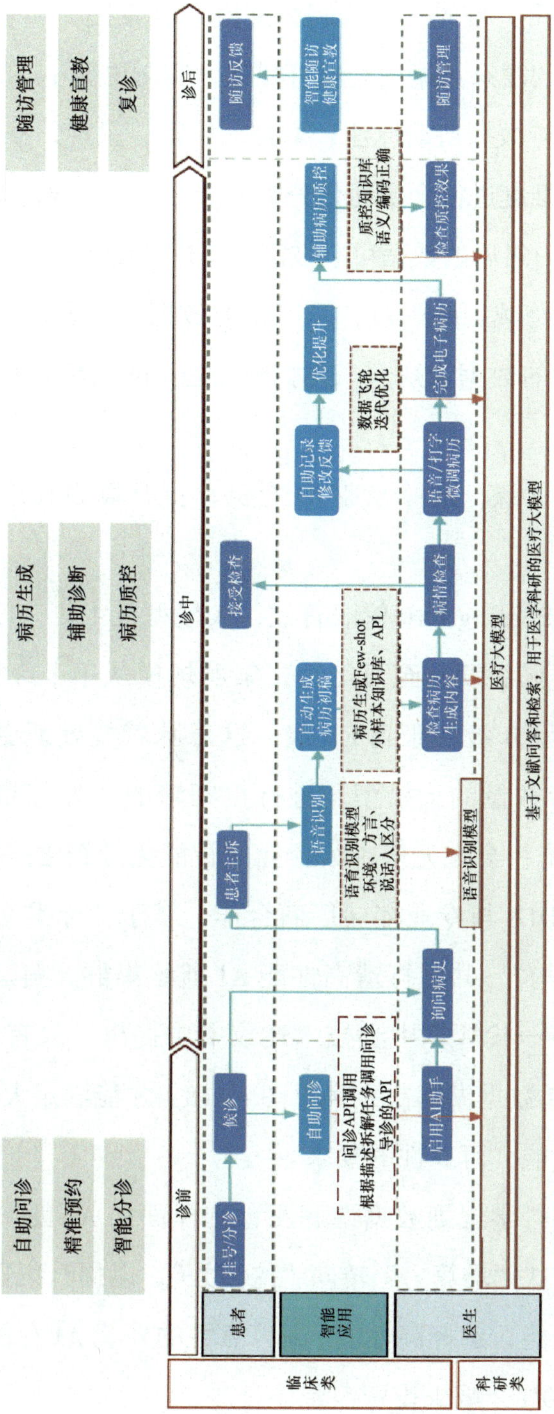

图4-17　医疗大模型工作流程

可管理、可利用。首先，要绘制数据资产全景图，实现跨地域、跨站点、跨厂商等的复杂数据的全局可视化、实时更新；其次，实现数据目录智能化，支持数据自动标注、聚合、检索、呈现，推进数据按内容、合规、热度等维度进行全自动化分类分级；最后，通过计算与存储网络协同配合，让归集后的数据可以被高效访问和处理，实现数据的真正可用。只有解决跨域、跨站点、跨厂家的数据统一调度难题，为大模型注入源源不断的数据"燃料"，才能让企业的大模型更好地服务自身业务。

（2）面向训练，选择专业 AI 存储，提升算力利用率，最大化 AI 投资效率

大模型的 Scaling Law 依旧有效，大模型技术复杂度持续攀升，模型参数量从千亿级跃升至万亿级，集群规模从千卡级扩展到万卡级，训练数据集从 TB 级膨胀到 EB 级。这意味着要处理更多的数据、实现具有更大参数量的大模型、进行更频繁的再训练和调优。不匹配的 AI 基础设施将会在无形中给企业的智能化升级之路带来额外成本。在业界，NVIDIA 与专业存储厂商合作，基于"标准文件系统 +Share Everything 架构"，共同打造高性能 AI 训练集群。美国橡树岭国家实验室也在其下一代智算中心技术建议书中提出，只有 AI 数据湖解决方案（华为 AI 数据湖解决方案见图 4-18）才能满足大模型在处理 EB 级数据时对性能、可靠性的要求。

企业需要科学规划数据湖底座，选择面向 AI 负载优化的专用 AI 存储，从粗放式"堆算力"转向"挖潜力"，以提升集群效率。合理配置存储集群性能，选择高性能、高可靠性的外置 AI 存储，至少可提升集群可用度 10%，减少投资浪费。

万卡GPU/NPU大集群

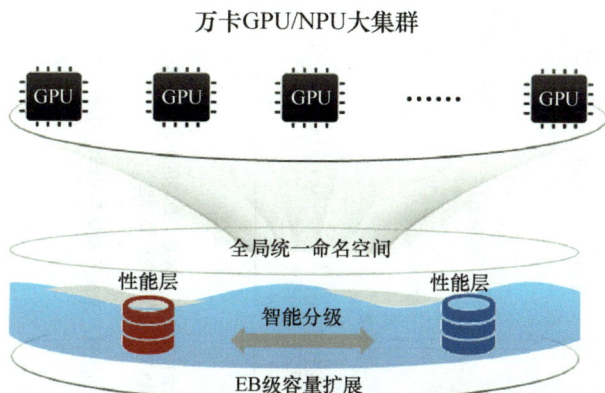

图4-18　华为AI数据湖解决方案

（3）面向推理，采用 RAG、长序列等技术，提升大模型推理性能和准确度

企业知识数据日新月异，大模型的周期性训练很难保证时效性，以及在专业知识领域的准确性。从建设成本和应用效果考虑，企业应用 AI 改造方案已逐渐收敛到 RAG，通过大模型在生成结果的同时从数据库中检索出相关知识，生成有参考信息的回答，从而提高推理结果的可信度。如图 4-19 所示，推理阶段，多轮对话、长序列上下文依赖大模型的记忆能力，通过智算处理器 xPU、内存 DRAM、外置存储 SSD 的 3 层缓存机制，可以将大模型的记忆周期从数小时延长至数年，从而提升推理的准确度，同时在处理类似问题的推理需求时，通过查询历史结果替代推理来节省算力开销。

（4）利用容灾、备份、防勒索等措施，加强数据分类分级保护

大模型诞生于海量数据，这些数据包括用户的个人信息、企业的私域生产数据等敏感信息。随着大模型技术的迅猛发展，一系列数据安全风险也开始浮现。例如，数据投毒可使模型产生误导性结果，严重影响决策的准确性；模型文件被窃取将导致数亿元投资的成果化为

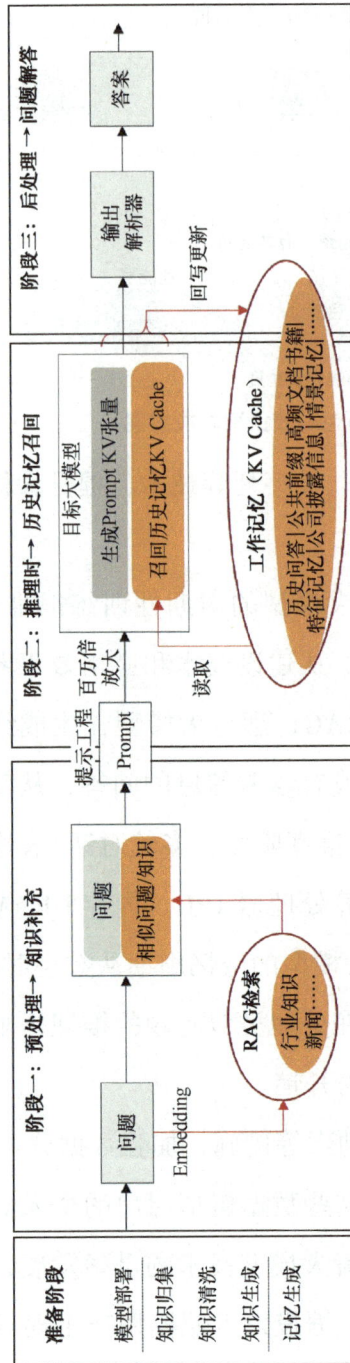

图4-19 大模型工作流程

泡影；训练数据被勒索病毒加密则可能导致大模型被迫中断训练，影响企业生产安全。

企业需要重视数据资产的分类分级管理，确定数据的拥有者和使用者，确保数据合规，实现隐私保护，构建覆盖从管理、应用、网络到存储的全面安全体系。其中，作为数据的最终载体，存储可提供包括存储软硬件系统安全、数据容灾与备份、防勒索及安全管理在内的一整套内生安全解决方案，为数据安全构筑最后一道防线。

（5）构建 AI 人才培养机制，积极开展大模型实践

大模型应用正在从知识问答、文生图、文生视频等应用，走向"大模型 +Copilot 辅助 +Agent 自主决策"的综合应用，从企业辅助生产走向核心生产，成为企业提升运营效率的关键抓手。

企业应该从顶层设计、组织架构、人才和团队建设等方面，全面评估生成式 AI 应用的能力预备水平。例如，在顶层设计上，企业是否建立了评估和跟踪开源大模型、数据和培训模型使用情况的指导方法，是否研究了业界 AI 基础设施的最佳实践案例。在组织架构上，企业是否设立了与数据安全、隐私及伦理相关的专属团队等。在人才和团队建设上，企业是否培养了更多在大模型，尤其是大模型存储方面拥有深入理解、实战经验的专业人员，是否构建了大模型的人才培养体系。

4.3.5　训/推一体机使能千行百业数智化

AI 发展如火如荼，各行业积极探索 AI 落地行业应用，但面临基础设施部署、大模型选择、二次训练和监督微调等方面的困难。

训/推一体机通过将基础设施、工具软件等进行预集成，并与大模型供应商协同，可有效助力大模型快速落地行业应用，使能千行百业

数智化转型。

1. 大模型面临的问题

（1）数据质量参差不齐，数据准备时间长

企业需要清洗大量的原始数据，使其变成可用的数据集，这个过程既耗时又复杂。首先，收集大量具有代表性和高质量的数据并非易事，可能需要从多个来源获取并整合数据。其次，清洗数据以删除噪声、错误和重复信息需要耗费大量时间和精力。最后，准确地标注数据以满足模型训练的需求，通常需要专业人员参与，这个过程既耗时又要求高准确性。另外，在数据准备过程中，由于各部门的参与度不同，数据质量标准难以统一，进而影响大模型的使用效果。

（2）硬件选型难、交付周期长、运维成本高

大模型应用需要选择适合的计算、存储、网络等硬件设施。然而硬件种类繁多、性能参数复杂，导致硬件选型难；同时硬件组装、调试、测试、上线等环节复杂，部署上线后的监控、维护和升级等环节烦琐且困难重重。

（3）大模型幻觉严重，推理准确度无法满足业务需求

大模型在面对复杂场景时，输出结果失真，出现大模型幻觉，不仅降低了模型的准确性，在重要的决策场景中，基于错误的信息还可能导致严重的后果。在学术研究和知识传播领域，不准确的内容可能会误导读者和研究者，甚至引发道德和法律风险。

（4）数据安全无保障，模型等核心数据资产易泄露

行业高价值数据是企业的核心数据资产，其数据安全性要求高；对模型厂商来说，行业模型是使能企业模型应用的核心组件，需要保证模型的安全、可靠，消除模型泄露的风险。AI 训练数据和模型的安

全挑战包括以下几个方面。

·数据隐私：训练数据可能包含敏感信息，如个人身份信息、财务数据等。

·模型安全：黑客可能会通过篡改模型参数、注入恶意代码等方式来攻击模型，从而影响模型的输出结果。

·对抗攻击：黑客可能会通过对抗样本来欺骗模型，使其产生错误的输出结果。

·模型解释性：AI模型的黑盒特性使其输出结果难以解释，这可能会导致模型有较高的不可信度和不可靠性。

·模型共享：在模型共享过程中，可能会泄露模型的敏感信息，如模型参数、训练数据等。

·模型部署：在模型部署过程中，可能会面临网络攻击、恶意软件注入等安全威胁，从而影响模型的安全性和可靠性。

（5）投资回报挑战大

大模型目前仍处在探索期，这意味着在软硬件的投资不一定可以按时获得预期回报的情况下，可能出现运营成本超预算。在大规模的数据处理、图形渲染、深度学习训练等任务中，GPU利用率过低会显著降低工作效率，延长任务完成时间。对于企业或研究机构而言，评估AI的投资回报率将会阻碍创新和发展的速度，影响产品的推出或科研成果的产出。

2. 数据基础设施建设建议

（1）通过预集成数据预处理工具链，快速生成高质量训练数据集

高质量数据是AI实现精准推理的基石。AI专业存储供应商一般会提供数据预处理工具链，通常包括数十种高性能AI算子，能够对

171

多种格式的数据进行自动化清洗（包括解析、过滤、去重、替换等）的工具等，从而帮助企业用户快速将原始数据转化成高质量训练数据集。

（2）部署全栈预集成训 / 推一体机，用于大模型行业落地

训 / 推一体机通过将计算、存储、网络等硬件设施预集成、预调优，做到开箱即用，免去了企业选型、组装和调试过程的烦琐，大大节省了时间和人力成本（包括华为在内的诸多厂商推出训 / 推一体机，预集成了 GPU/NPU 服务器、网络，以及专业存储设备）。同时，通过预置的全栈设备管理软件，对计算、存储、网络和容器平台等基础硬件和软件平台进行管理和运维，大幅减轻 IT 人员的日常工作负担，使他们可以专注于 AI 业务的实现，而无须为基础设施的搭建和运维分心。

很多训 / 推一体机可以提供高性能机密执行环境，以及数据和模型的机密防护措施。配合数据保护和防勒索，可以对企业用户的关键数据进行充分保护，避免数据资产泄露或者受损。

另外，大多数训 / 推一体机还支持横向扩展，即将多个训 / 推一体机组合在一起，形成一个更大的训 / 推一体机。这种能力可以帮助企业客户按需部署大模型应用，分散投资周期，减小投资回报风险、减轻压力。

（3）利用 RAG 知识库，消除 AI 幻觉，实现精准推理

将高质量数据集嵌入训 / 推一体机提供的 RAG 知识库存储中，每当用户提出问题，内嵌的 RAG 工程将快速从 RAG 知识库中检索出预置的知识，使推理过程聚焦在正确的上下文环境中，从而有效解决 AI 幻觉问题。另外，通过实时更新 RAG 知识库，大模型的回答也将具

备时效性。内置的模型评估组件可对模型推理的准确度进行评估和追溯，最终实现精准推理。RAG 知识库工作流程如图 4-20 所示。

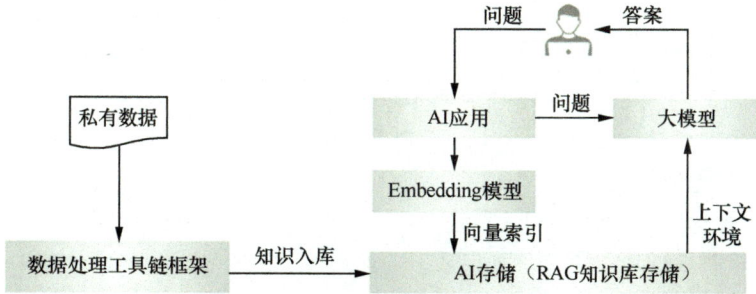

图4-20 RAG知识库工作流程

5

第 5 章

行动倡议：大力发展先进数据存力，构筑数智时代新质生产力

5.1　先进数据存力发展目标建议

在数智时代，存算分离架构的创新为存力提供了具体的实体映射，使数据存力不仅成为支撑 AI 产业发展的关键要素，也与算力互补，共同促进智能涌现。先进数据存力是经济社会高质量发展的数字基石，我国想要在该领域获取全球领先地位，应建立端到端自主可控的全栈生态，并在千行百业推进存储全闪化建设。

5.1.1　将数据存力作为ICT产业的重要独立门类单独管理

在数字经济时代，算力、存力与运力的概念被提出，分别对应计算、存储与网络产业。尽管三力并驾齐驱的格局已经形成，但存力本身并未作为 ICT 产业重要独立门类进行单独管理。究其本源，一是存力缺乏具体的实体映射（如服务器、GPU 之于算力，交换机、路由器、防火墙等网络设备之于运力），变成了服务器硬盘与专业存储设备的统称，而专业外置存储的重要性并未得到重视；二是数据存储在数字经济中并未与 AI 等战略性新兴产业建立直接的关联，而更多作为 ICT 底座的一部分提供对基础存储能力的支撑。

在数智时代，局势正悄然变化。存算分离架构的创新赋予了抽象的存力具体的实体映射，专业外置高性能数据存储设备作为存力的实体映射，成为先进数据存力的核心价值载体。这种将集约化存力资源池、高通量网络与开放算力生态结合的创新架构，使专业外置高性能数据存储设备成为数智时代先进数据存力的基石。先进数据存力展现出"以存强算""以存代算"的特征，加速了 AI 产业的发展，它与算力相辅相成，共同促进智能涌现。因此，在智能经济时代，建设先进数据存力应被视为发展 AI 产业的关键一环，在制定 AI 产业发展战略时应予以重视。

5.1.2　确保先进数据存力产业全栈自主可控、高效协同

先进数据存力不仅是一个硬盘，能力更不局限于一个机架，而是可以推动数据中心架构端到端变革、加速通用 AI 智能涌现的革命性力量，它的全栈生态涉及"关键零部件－存储整机－存算网全栈解决方案"3 个层面。

近年来，全球自由贸易流通格局与高科技领域全球化产业分工格局面临越来越多的不确定性，**我国当前如果希望在先进数据存力领域取得可持续发展的全球领先地位，需要构建自主可控的先进数据存力供应链，将产业全栈端到端自主可控作为产业实现可持续发展的基础。**

在关键零部件层面，尽管国内涌现了长江存储等 NAND Flash 厂商，且在颗粒技术创新上取得了一定突破，但从全球视角看，当前 NAND Flash 颗粒的定价权集中掌握在极少数国际品牌手中。如果不加速国产关键零部件厂商的产品规模化应用并快速取得定价权，中国在全闪化方案的牵引上将始终"受制于人"。因此，政府需要对头部国产 NAND Flash 厂商的产品规模化应用进行支持，**强化中国在全球 SSD 领域的定价权**，为先进数据存力解决方案在千行百业的应用落地提供有力支撑。

在存储整机层面，国内虽有一批较为成熟的 OEM 厂商，但在产业协同上仍有进一步强化的空间。先进数据存力产业尚处于发展初期，产业标准（如接口标准、分布式标准、运维标准和安全标准等）

尚未完全统一，需要各类产业生态厂商积极协作、强化沟通，**共同制定先进数据存力相关产业标准**，推动先进数据存力解决方案走向千行百业。

在存算网全栈解决方案层面，端到端国产化是构建本土安全、可靠生态的必要条件。在存算分离架构下，集约化存力资源池、高通量网络与开放算力生态深度融合，若其中任一环节未实现国产化，则存算网全栈解决方案将无法实现真正意义上的安全、可靠。

5.1.3　推进以全闪化为核心的先进数据存力方案在千行百业的广泛应用

要实现先进数据存力产业全球领先，**高闪存化率是必要条件**，体现在两个方面：一是**性能跃迁**，SSD 的优异特性可以很好地满足业务性能要求，相较 HDD，SSD 能实现读写带宽与 IOPS 等核心指标的 10 倍提升，以及更高的存储可靠性，确保企业能够应对当前数据量快速提升、数据治理日益复杂等挑战；二是**全场景普适**，当前优异的全闪化方案，与 HDD 方案在方案级 TCO 上相当，这意味着全闪化方案事实上已可做到全场景普适（如适用于大模型等核心系统、数据备份等），未来随着数据压缩等技术的进一步发展，全闪化方案的优势将进一步扩大。

然而，当前我国的闪存化率仅为 29%，相较于全球主要经济体，这个数据明显偏低，甚至低于世界平均水平。与此同时，美国的闪存化率高达 55%，德国亦达到了 48%，我国与之存在显著差距。

因此，我们建议将推进**以全闪化为核心的先进数据存力方案**在千行百业的广泛应用，作为中国先进数据存力产业发展的一个核心目标。

5.2 先进数据存力发展高阶行动建议

推动先进数据存力发展，需要在政府的统一指导和帮助下，将千行百业拧成一股绳，使它们向同一个目标发力。一方面树立标杆，鼓励开源，建立产业联盟，提前布局规划，加大政府投入，实现共研共创；另一方面加强监督和监管，建立符合国情的合规性要求，引导先进数据存力在正确的方向上健康、高速发展。

5.2.1 将区域级先进数据存力指标体系纳入政府产业发展目标

建议将区域级先进数据存力指标体系纳入政府产业发展目标，确保各级政府充分认识先进数据存力产业的重要性、投入必要资源。一方面，以**数据存留率**牵引各行业的企业与组织对数据要素的充分利用；另一方面，以**闪存占比**进行牵引，加速全闪化方案在千行百业的落地，鼓励地方政府及国有企业优选全闪化方案，加速先进数据存力产业生态的规模化发展。

5.2.2 制定监管性与鼓励性政策

总的来说，建议政府从**监管性与鼓励性政策**出发，结合当前实际情况与先进数据存力产业发展目标制定相应政策。监管性政策的核心目标是确保数据要素在千行百业的企业与组织间安全、有序流通，为不同敏感度的数据制定差异化且符合国情的合规性要求。而鼓励性政策的核心目标则是，确保先进数据存力产业全栈生态的良性发展、推动先进数据存力应用普及。

在监管性政策上，建议对标德国等强应用型国家的数据分级管理政策，**完善数据敏感度分级与保存周期等相关政策，强化企业对数据**

备份的重视。例如，德国要求所有本国企业保存商业信函与员工履历信息至少 6 年，保存账簿与发票等财务信息至少 10 年。相比之下，我国在规范性与要求上较为宽松。例如，用人单位仅需要保存终止的劳动合同信息 2 年，且我国对诸多企业日常经营类数据缺乏相关硬性规范和要求。

在鼓励性政策上，建议增加对长江存储等 NAND Flash 厂商的定向补贴。当前 SSD 颗粒的定价权集中掌握在极少数国际品牌手中，国产品牌影响力较小，导致国内企业级 SSD 价格时常出现波动，不利于以全闪化方案为核心的先进数据存力方案的规模化应用。政府应在政策、资金等方面支持国产存储芯片晶圆厂，使其在先进 SSD 颗粒的研发、量产与规模化应用上"领跑全球"，这样**可有效控制国内 SSD 颗粒价格波动，确保以全闪化方案为核心的先进数据存力方案在各行业落地**。

5.2.3 积极推动先进数据存力在关键行业应用

首先，建议积极推动以全闪化为核心的先进数据存力在千行百业落地，在金融、电信、政务等关键行业先试先行，核心原因有三。一是这些行业对数据存储**性能有更高的要求**，先进数据存力的优异特性可以很好地满足读写带宽、IOPS 等业务性能要求；二是这些行业对数据**合规有更高的要求**，无论是端到端防勒索保障数据安全、分钟级 RTO 确保数据可靠性的要求，还是长周期安全、稳定的数据备份要求，先进数据存力方案都可以很好地满足；三是**"树标杆、促转型"**，全闪化方案与存算分离架构等先进数据存力方案的应用，可以很好地提升存、算、运三者的资源利用率，带动数据中心整体的成本下降，并且有助于**形成标杆项目规模化推广**。

其次，政府应组建包括存储整机厂商在内的先进数据存力产业联盟，共同制定先进数据存力相关产业标准。

最后，政府应鼓励国产开源数据库等开源软件生态发展，以拓展先进数据存力解决方案的应用空间。发展国产开源软件生态是具有良好外部性效应、可持续累计且终极可靠的举措，值得持续投入。尽管国内企业可以选择多元化的手段降低采用国外开源软件的潜在安全风险，如持续为社区做贡献以提升话语权，主动向社区提供代码、修改建议确保软件安全性，使用开源社区中成熟的版本确保稳定性与兼容性等，**但当面临重大国际地缘风险时，国外开源软件并不是完全中立且可靠的。**

5.2.4　牵引产学研联合提前布局*N*+1代先进数据存力

通过对韩国、美国等在先进数据存力领域数据存储创新能力持续领先国家的研究发现，由政府大力资助的产学研联合实验室，是这些国家**实现数据存储创新能力持续领先的重要抓手**，也是这些国家**提前布局 *N*+1 代先进数据存力解决方案的核心载体。**

一方面，当今技术革新的速度持续加快，技术演化方向的不确定性持续提升，这使得完全依靠自研，以"内生方式"覆盖所有潜在创新点的模式的可行性受到挑战。在此背景下，以产学研联合实验室为载体，使业界与学界合作、集思广益、共研共创，可为当代产品设计创新带来新的动能。例如，三星结合自身技术规划，与韩国科学技术院联合研发存内计算（Process-In-Memory）技术，并将其作为通用技术模块，为三星存储芯片产品的研发提质增效。

另一方面，对于技术路线不够清晰的 *N*+1 代产品，由国家资助的产学研联合实验室则是理想的预研载体。一是因为预研话题过于超前，企业参与的积极性可能相对有限，二是由于部分研发所需的运行环境与测试设备的组建成本高昂，通常需国家出资负担。例如，希捷与美国劳伦斯伯克利国家实验室共同开发了应用于满足大数据和快速数据处理需求的创新存储介质与架构。又如，HP与美国橡树岭国家实验室一同开发了应用于超算场景的数据管理和存储解决方案，**这些实验室均离不开美国政府的资助。**

5.3 建设先进数据存力最佳实践

5.3.1 金融领域

1. 利雅得银行：打造高可靠数字底座，开启智慧金融新时代

利雅得银行（Riyad Bank）成立于1957年，是沙特阿拉伯（简称沙特）乃至中东最大的金融机构之一，拥有较强的银行业务专营权。利雅得银行拥有雄厚的资本，为沙特的石油和石化工业领域，以及众多知名基础设施项目提供贷款。

数据是一个银行的核心资产。数据的稳定性、安全性及数据算力，影响着银行核心业务的开展和客户对其金融服务的满意度。

（1）关键诉求与挑战

利雅得银行通过推动数字化转型、发展私营经济及建立广泛的经济伙伴关系，助力沙特实现建设全球性投资强国的"沙特2030愿景"。为了支撑沙特的国家转型计划（National Transformation Program），利雅得银行积极投身基础设施建设，希望全面升级现网ICT基础设施，并制定了"2025年转型战略"，具体如下。

第一步，通过创新创造价值。

第二步，提升效率、优化资源。

第三步，通过新一代的运营模式提升业务敏捷性。

利雅得银行希望构建一个开放、安全、可靠、敏捷、易于维护的存储系统，作为其数字化转型的坚实底座，由于现有系统业务流程固化，新系统需要继承现有 IT 架构，不改变现网使用习惯。

（2）OceanStor Dorado 全闪存存储，打造可靠、高效的数字底座

在对全球主流供应商进行整体评估后，考虑到 OceanStor Dorado 全闪存存储的高可靠性、超高性能和完善的软件功能，利雅得银行最终选择华为作为合作伙伴，成为沙特第一家部署两地三中心（双活 + 远程复制）解决方案的银行。

利雅得银行在利雅得和达曼的 3 个数据中心部署了 OceanStor Dorado 18000 托管生产和容灾：在利雅得打造了 2 个数据中心，作为双活站点；在达曼建设了第 3 个数据中心，作为异地容灾站点。两个城市的数据中心通过异地复制解决方案实现互联，如图 5-1 所示。

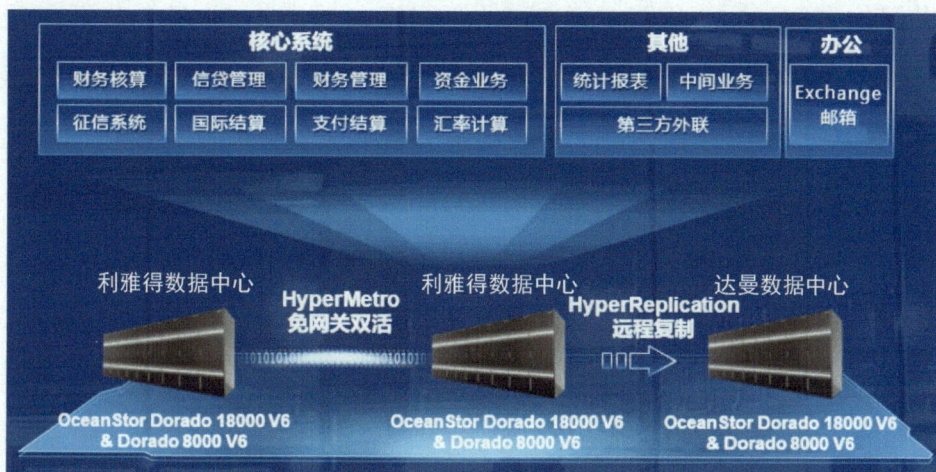

图5-1　利雅得银行两地三中心解决方案

· 两地三中心解决方案满足其 7×24 h 同城双活业务连续性和容灾需求。

· 两地三中心容灾解决方案的 RPO=0、RTO ≈ 0，保障业务零中断。

· 数据访问具有稳定的超低时延（小于 1 ms）。

树立中东金融新标杆，开启智慧金融新时代。利雅得银行以帮助个人、组织和社会实现梦想为使命，期望成为他们信赖、依赖的金融解决方案合作伙伴。如今，利雅得银行与华为并肩同行，合力打造高端全闪存存储在中东地区金融行业核心系统新标杆，通过全面数字化转型来提高内部生产力，努力构建更加敏捷的核心技术基础设施和运营模式，携手共建更加智慧的未来银行。

2. Isbank：打造地震带上最稳定的金融业务

位于伊斯坦布尔的 Isbank，是土耳其最古老、最大的私人商业银行，由土耳其"国父"穆斯塔法·凯末尔·阿塔图尔克（Mustafa Kemal Atatürk）创建，2024 年是其成立的第 100 年。历经长达一个世纪的发展，Isbank 遍布全球 11 个国家，拥有 1400 多个分行，凭借强大的财务实力和稳定发展，2021 年在世界银行 1000 强中排名第 181 位。

土耳其首个 ATM、首个电话银行和首个互联网分支银行均诞生于 Isbank。迈入 Bank 4.0，作为土耳其金融绝对的创新先驱者，Isbank 凭借其超前的数字化转型意识与领先的 ICT 优势，正引领着金融行业的数字化变革。

（1）关键诉求与挑战

土耳其地处东安纳托利亚断层，地震是这里最频繁的自然灾害之一，且土耳其96%的国土均位于地震带上。因此，对于视数据为生命线的银行业来说，频发的自然灾害正不断强化Isbank对数据冗余与容灾的重视。Isbank需要构建高可用的数据交换平台，实现包含征信数据、交易数据、资产数据、网银数据等各类信息的交换、共享，以支撑上层交易分析与统计报表业务。Isbank的业务特点如下。

交换数据量大：数据交换平台每天交换数十万个文件，文件年增长量达数亿级，业务数据量呈急速增长趋势，加之每月末和年终是业务高频访问的高发期，对存储底座的可扩展性与性能的稳定性提出较高诉求。

生产业务的绝对高可靠：数据交换平台属于金融A类业务，必须实现多活容灾以保障业务不中断；同时需要对接上层容器平台，以满足高可用、高可靠的微服务开发诉求。

（2）全闪分布式存储，打通性能与可靠性的"任督二脉"

经过多轮测试，Isbank选择华为OceanStor Pacific全闪分布式存储作为数据交换平台存储底座。Isbank全闪分布式存储方案如图5-2所示。

跨400 km双活容灾，提供未来多活的演进可能：基于华为OceanStor Pacific全闪分布式存储，Isbank成功在伊斯坦布尔与安卡拉部署双活站点，满足业务就近在线访问，任一站点故障时可无缝切换业务的要求；未来，可在现有架构上按需演进至多站点多活，满足客户业务长期演进的要求。

小于50 ms的稳定低时延：华为OceanStor Pacific全闪分布式存储可以实现单桶千亿对象无任何性能衰减，更适用于轻量、快速的容器场景，1 min可拉起上百个Pod。

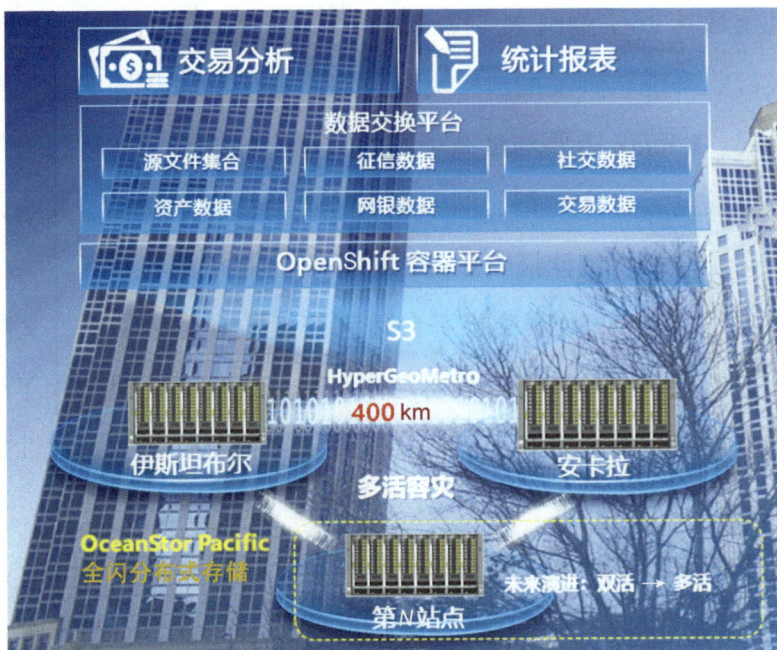

图5-2　Isbank全闪分布式存储方案

S3 协议极简访问：以更易访问的统一资源定位符（Uniform Resource Locator，URL）格式进行数据传输，免业务改造、免插件配置，直接对接 OpenShift 容器平台，允许使用者跨二层或三层网络实时访问数据。同时，发生容器实例 Pod 故障时，可以在其余正常节点免挂载瞬间拉起将新 Pod，并且上层业务无感知。

3. 微众银行：以科技创新筑数据之盾，守护每一笔交易

微众银行创建于深圳，秉持以科技为核心发展引擎，是国内首家数字银行。自成立以来，微众银行的科技人员占比始终保持在 50% 以上，累计申请发明专利超 3800 项，为 4 亿多个人用户提供服务，累计申请其贷款的中小微企业超过 500 万家。2024 年，IDC 将微众银行作为全球数字银行发展的标杆，这体现了微众银行领先的金融科技创新能力。

（1）关键诉求与挑战

对于数字银行来说，数据是其核心生产要素，而面对严峻的外部威胁，建设完善的灾备系统是国家、行业、企业的共同诉求。微众银行制定了《微众银行信息系统数据备份管理规范》，明确要求对重要数据进行每周全量备份和每日增量备份，以确保数据的连续性和完整性，并要求异地存储备份数据以提升可用性。微众银行灾备系统建设主要面临以下挑战。

数据灾备缺乏统一管控，数据安全缺乏保障：数据生产、备份、归档和安全由多个独立系统及管理员控制，数据备份流转缺乏统一调度、审计，运维效率低；勒索事件频发，无勒索检测等系统性的存储防勒索机制，数据安全风险高。

备份恢复效率低，系统建设成本高：全量备份需要 20 h，有跨天堆积风险，紧急恢复需要 2 h，不能满足业务对数据快速恢复的需求；采用 CEPH 备份存储系统 3 副本的方式，无重删压缩能力，备份容量是生产容量的 30 倍，建设成本居高不下。

（2）三大创新，打造新一代灾备系统

微众银行通过与华为 OceanProtect 数据保护的联合方案创新，实现了海量数据的安全灾备建设，为其核心业务提供了对数据库快照备份、灾难快速恢复、关键业务响应、业务版本验证、数据安全和归档等关键业务场景的全面支持。

架构创新：采用 OceanProtect 数据保护、TDSQL、Kunpeng 等国产软硬件设备，实现了交易系统端到端自主可控建设，打造了国内金融行业首个核心业务灾备系统全栈自主可控标杆；基于自研备份管控平台，实现了容灾、备份、归档、安全的统一建设及系统性防护；通过专利弹性算法及均衡算法，智能匹配最佳调度策略，提升了运维管理效率。

技术创新：通过永久增量备份技术和重复数据删除技术，节省了75%的备份数据存储空间；数据安全性方面，基于OceanProtect数据保护提供的智能侦测能力，以及物理备份隔离区为数据安全恢复提供了"1 Air-Gap副本+0 Error恢复"的"1+0"快速恢复能力，成为国内金融行业灾备系统建设标杆。

场景创新：整合备份、归档设备资源，对外统一提供备份服务，加强资源整合；通过原生副本挂载技术，实现了分钟级的单数据库实例快速恢复，将容灾演练、重大业务版本验证等大规模验证场景的恢复效率从1周缩短至1天；实现了备份"冷数据"向业务"热数据"的转化，释放了灾备数据价值。

在第二届"华彩杯"算力大赛上，微众银行携手华为打造的新一代灾备系统以2 min恢复TB级数据的安全备份能力从近9000个参赛项目中脱颖而出，斩获南区决赛一等奖、全国总决赛二等奖，成为全国算力创新应用标杆。

5.3.2 运营商领域

福建联通：面向ToB场景打造云典AI智能客服，帮助企业进行数智化营销

联通（福建）产业互联网有限公司（简称福建联通）作为福建省创新企业的排头兵，以技术创新为驱动，跨越数智转型的鸿沟，为更多企业带来新的机遇和发展。

在数智化转型的推进过程中，传统客服系统已无法满足日益复杂的业务需求和多样化的客户期待，迫切需要使用大模型与RAG

等技术对传统客服系统进行全面升级，进而提升用户满意度与忠诚度。

（1）关键诉求与挑战

AI 基础设施建设难：大模型的良好运行依赖计算、存储、网络等的深度协同设计和联合优化，AI 全栈硬件和软件众多，形成了较为厚重的技术栈，任何单点故障都会导致大模型业务中断或性能下降，传统的组合式或拼凑式部署模式会导致计算、存储、网络很难进行协同优化，无法满足企业快速交付和降低运维难度的诉求。

数据准备时间长：数据来源分散，归集慢，预处理百 TB 级数据需10 天左右，预处理时间长，资源调度难，GPU 资源利用率通常不到40%。

业务上线周期长：应用场景复杂，开发难度大，业务精确度要求高，上线周期长。

（2）云典平台助力企业快速获客

福建联通联合华为数据存储打造的云典平台，是一个集行销助手、支撑帮手、经营分析能手为一体的数智化营销工具，可助力企业快速引流获客，推动企业数字化转型。

· FusionCube A3000 训/推超融合一体机针对百亿级模型应用，通过一体化架构将数据存储节点、计算（训/推）节点、交换设备、AI平台软件，以及管理运维软件高度集成，一站式交付，节省大量适配调优、系统搭建成本，为大模型伙伴提供"拎包入住"式的部署体验，4 h 内即可完成部署。它真正做到"开箱即用，用即开发"。

· AI 训推全流程工具链 ModelEngine，内置超过 40 个数据处理算子，使知识生成时间从月缩短到天；提供自动化数据评估能力，效率较人工提升超过 3 倍；利用 NPU 池化，将资源利用率从 40% 提升到 70% 以上。ModelEngine 通过 KV Cache 推理加速等技术使端到端模型训练时间从 30 天缩短至 2 天，极大地提升了云典平台的开发效率。

·利用 RAG 技术结合知识库将推理精准度提升 70%，极大提升了从业务设想到 AI 应用上线的效率，使业务全流程上线时间缩短 80%。

云典平台作为企业的行销助手，助力产品案例精准营销，使商单获取率提升 30%；作为企业的支撑帮手，实现业务流程智能调度，使支撑时长缩短 20%；作为企业经分能手，使能数据分析与智能决策，使运营效率提升 30%。它以客户体验数字化、运营管理智能化、业务决策智慧化为目标，构建面向企业客户的服务向导，助力千行百业进行数智化营销。

5.3.3 政务服务领域

艾古莱尼市政府：打造安全、稳定、开放的数据中心底座

在全球化的今天，数字化转型已成为推动经济发展和提升城市竞争力的关键因素，南非艾古莱尼市是一个充满活力的城市，正积极拥抱这一转型。

（1）关键诉求与挑战

艾古莱尼市在数字化转型过程中提出了一系列明确的诉求，旨在通过技术创新提升政府服务效率、增强系统可靠性、优化运维管理，并最终实现市民和企业满意度的显著提升。

目前，艾古莱尼市在数字化转型过程中遇到了以下挑战。

业务上线慢：当新业务需要上线时，往往需要多个厂商和部门协同工作，这不仅增加了协调难度，也延长了整个项目的实施周期。此外，由于缺乏统一的技术框架和接口标准，各系统之间的集成变得异常复杂，进一步拖慢了业务上线的步伐。

可靠性不足：艾古莱尼市还面临着另一个严峻的问题——核心业务系统的可靠性不足。目前，该市有超过30个核心业务系统采用单点建设模式，这意味着任何一个组件发生故障都可能导致整个系统瘫痪。缺乏冗余设计和备份方案使这些系统在面对业务宕机时显得尤为脆弱。

运维效率低：随着技术的发展，政府机构采用了来自不同供应商的多种硬件设备，这使得IT基础设施的管理变得异常复杂。运维人员需要具备广泛的技能和知识才能有效管理这些设备，而这无疑增加了培训成本、提高了技术门槛。

（2）打造安全、稳定、开放的数据中心底座

艾古莱尼市政府正通过引入华为DCS数据中心虚拟化解决方案，如图5-3所示，实现政务服务效率提升。

华为凭借其深厚的技术积累和丰富的行业经验，推出了一套完备的全栈统一方案——DCS数据中心虚拟化解决方案，旨在帮助企业实现从传统IT架构向安全、高效的数据中心平滑过渡。

方案完备：DCS数据中心虚拟化解决方案不仅涵盖ICT硬件设施，如服务器、存储设备及网络设备等，还包含DCS eSphere虚拟化平台以及灾备系统等。该方案通过简化复杂的IT架构设计流程，降低了整体拥有成本，并且提高了系统性和可扩展性。

全栈运维：该方案能够实时监测整个IT环境中的硬件和软件状态，让运维团队能够第一时间了解系统的健康状态，并通过对数据的深度分析，预测潜在的故障风险，在问题发生之前发出预警，从而帮企业快速定位问题。

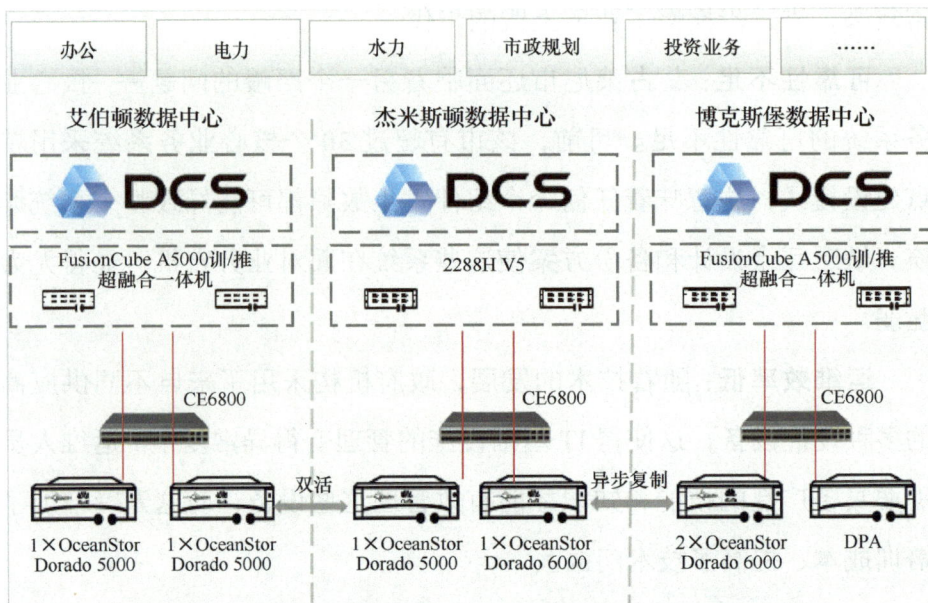

图5-3　艾古莱尼市政府引入华为DCS数据中心虚拟化解决方案

DCS 数据中心虚拟化解决方案通过高效资源池化，助力艾古莱尼市政府构建高效、安全的智慧城市平台，为其带来三大收益，具体如下。

业务上线快：基于 FusionCube A5000 训 / 推超融合一体机的部署架构，在 2 h 内实现部署，使艾古莱尼市政府政务新业务上线时间从天级缩短到小时级。

数据不丢失：通过实施严格的备份策略以及采用先进的虚拟机恢复技术，保证重要信息不丢失，RPO=0、RTO ≈ 0，7 × 24 h 政务在线。用户随时能够享受到不间断的极致服务体验。

运维效率高：智能化的管理平台极大地简化了日常管理工作。通过该平台，可以将艾伯顿数据中心、杰米斯顿数据中心、博克斯堡数据中心进行一体化管理。采用华为 DCS 全栈数据中心解决方案后，平均可以减少一半的人力投入，同时将工作效率提高一倍左右。

5.3.4　制造业领域

1. Astra International：借助华为全闪存存储提升决策分析效率

Astra International 成立于 1957 年，是印度尼西亚最大的集团之一。集团的核心业务包括对大发、五十铃和丰田汽车的制造和销售。

（1）关键诉求与挑战

得益于商业上的成功，Astra International 的市场份额不断增大，现已是印度尼西亚领先的汽车和摩托车制造商。商务智能（Business Intelligence，BI）系统在其发展过程中发挥了关键作用，为集团的高效生产和工艺规划、经销商销售分析及市场预测提供了强有力的数据支撑。

然而，随着集团业务持续增长，数据处理和报告分析等系统的高时延和性能问题日渐凸显，尤其是在业务高峰期。每到月末，报告分析系统的 CPU 占用率大幅升高，导致系统响应时间延长，甚至宕机。而将热点数据从大负荷的存储系统迁移到小负荷的存储系统会进一步增加宕机时间。

改变势在必行，但不能对现有流程做较大修改，否则将对业务产生不利影响。因此，在升级存储系统的同时，现有的 IT 系统架构必须保持不变。

（2）华为全闪存存储无缝升级，业务平滑演进

Astra International 首选华为 OceanStor Dorado 全闪存存储解决方案。自部署以来，系统性能显著提升，宕机时间缩短到 0。此外，旧设备和应用程序得到了利旧和保留，这简化了 IT 系统升级，极大地降低了 TCO。由于不更改业务流程或应用，集团业务能稳定运行，没有

间断。

·性能显著提升，实现零宕机

华为 OceanStor Dorado 全闪存存储解决方案采用了 SSD 以及先进的缓存管理和 I/O 调度算法，自替换旧系统后，系统性能显著提升，硬盘需求量减少 90%，访问时延降低 20%。

现在，数据处理和报告分析系统响应用户请求的速度大幅提升，双活架构消除了月末宕机的痼疾。所有系统对热点数据访问请求的响应更快，用户体验有了实质性改善。

·重用旧设备，降低 TCO

为确保用户体验，华为在存储实验室中对该解决方案进行了全面测试，确保 OceanStor Dorado 全闪存存储与客户原存储系统、Windows 操作系统和 SQL Server 数据库能完全兼容。该解决方案将热点数据从原存储迁移到 OceanStor Dorado 全闪存存储，在不改变上层应用的情况下，保留了旧系统中的冷数据。华为致力于降低客户 TCO，复用现网存储就是有力证明。

·保留应用，与现有 IT 系统集成

OceanStor Dorado 全闪存存储采用标准的开放 SAN 架构，可平滑集成到 Astra International 现有的 IT 系统中，无须修改原有架构、迁移应用，以及改变系统的运行流程。OceanStor Dorado 全闪存存储利用卷镜像技术迁移数据，无须对现有数据库和上层应用进行任何更改。

·IT 系统升级，降本增效

Astra International 通过部署 OceanStor Dorado 全闪存存储，不仅解决了业务高峰期的宕机问题，而且提高了 BI 系统的处理效率。该解决方案易于部署，不改变业务流程和应用，可确保业务平稳运行。

2. 三一重工：完成数字化转型，加速由"制造"迈向"智造"

制造业是中国经济的脊梁，制造业的数字化转型牵动着许多人的心。三一重工是目前中国制造业数字化转型的突出代表。

（1）关键诉求与挑战

作为以工程机械研发和服务为核心业务的大型跨国集团，三一集团业务规模庞大、分支机构和员工众多，这导致其管理体系复杂。随着业务不断发展，三一集团在企业管理和运营体系上遇到了诸多挑战，具体如下。

资源难共享：集团员工、供应商、合作伙伴等人员办公需要标准化研发环境。各团队间资源难以共享及统一管理，不仅影响办公与研发效率，还存在一定的安全隐患。

运维成本高：IT 设备分散在各个业务部门，运维成本高。传统 PC 性能参差不齐，其中部分设备使用年限长达 6～8 年，运维成本极高，需要将各园区的研发及办公业务加速从线下转到线上，从而实现随时随地灵活接入。

安全防护差：终端安全防护能力差。三一集团研发人员办公采用传统图形工作站的方式，数据分散保存在个人图形工作站中，数据的安全性较差且不便于集中管理，影响企业信息安全防护。

（2）华为 FusionCube 超融合桌面云解决方案助力三一重工数字化转型

三一重工选择华为 FusionCube 超融合桌面云解决方案构建自己的超融合数字底座，为数字化转型提供源源不断的动力。华为 FusionCube 超融合桌面云解决方案解决了传统数据中心 3 层架构中的诸多问题，具有节约成本、简化运维、扩展方便等优势，受到制造企业的青睐，也成为三一重工"智造化"转型的必然之选。

节约成本：FusionCube超融合桌面云解决方案购入门槛低，并且具备轻量起步的成本优势，按需扩展的灵活基因也让其远优于传统方案；另外，FusionCube超融合桌面云解决方案通过软件定义的方式将数据中心资源池化，根据业务量来按需配置资源，TCO也远比传统方式低，适用于各种规模的制造企业。

简化运维：FusionCube超融合桌面云解决方案通过虚拟化组件FusionCompute对硬件资源进行抽象和池化，以智能管理组件Metavision实现硬件的智能运维，以一体机的方式快速交付与部署，从而提升整个数据中心的自动化和智能化水平，极大改善了制造企业运维团队薄弱的情况。

扩展方便：FusionCube超融合桌面云解决方案针对不断涌现出的容器等云原生技术、xPU等新硬件，支持更加灵活的可组合式可扩展架构、多云对接、跨云调度等新特性，这让FusionCube超融合桌面云解决方案的能力得以不断完善和进化，进一步满足了制造业未来的各种需求。

面对工程机械和制造业数字化转型的挑战，三一集团拿出了要么"翻船"、要么"翻身"的决心，携手华为构建协同研发办公平台，以华为FusionCube系列产品构建自己的超融合数据中心，加速由"制造"迈向"智造"，通过办公桌面云、研发桌面云等加速构建现代化办公运营体系，在制造业数字化转型中树立了标杆。

中国制造业的数字化转型是必然趋势。三一集团选择FusionCube超融合桌面云解决方案构建起现代办公运营体系，为自身数字化转型夯实了基础。面向未来，随着制造业数字化转型的深入，新场景、新需求、新应用将不断涌现，对于数据中心基础设施的要求也将不断提升，FusionCube 桌面云超融合解决方案在保持自身优势的基础上也在持续进化，未来将会在制造业数字化转型和新型数据中心建设中发挥更大作用。

5.3.5 电力领域

PLN：携手华为存储，守护万家灯火

电力，以电流为脉、科技为翼，开启了人类现代化生活的新篇章。它不仅是能源，更是创新与发展的推动力。

印度尼西亚（以下简称印尼）国家电力公司 PLN（Perusahaan Listrik Negara）作为千岛之国这片广袤土地上电力供应的中坚力量，自 1967 年成立以来，一直以卓越的供电服务默默守护每一位印尼人民的生活。在繁忙的雅加达金融区，高楼大厦灯火辉煌，映照出城市的繁荣与活力；在热闹的泗水商业街，五彩斑斓的灯光在商店橱窗和广告牌间闪烁，展示着最新的时尚潮流；在风景如画的巴厘岛沙滩上，伴随着海浪轻拍岸边的声音，柔和的灯光营造出浪漫且温馨的氛围，吸引着世界各地的游客驻足观赏。PLN 不仅是印尼经济发展的重要推动者，更是这个国家不可或缺的魅力重要支撑。

电力和数据基础设施是推动社会运行的关键，也是现代文明的象征，技术的融合点亮了美好生活。PLN 以成为东南亚领先的电力公司为目标，不断寻求改善电力和数据基础设施的途径，以获得竞争优势。

（1）关键诉求与挑战

技术创新是 PLN 成功的关键。近年来，PLN 全面拥抱数字化转型，启动了 29 个突破性项目，覆盖所有业务线，其中最重要的项目之一是智能电表项目，为此，PLN 制定了"到 2030 年将增加 1000 万台智能电表"的宏伟目标。智能电表可以实时测量和记录用电量、故障等关键信息，以便 PLN 可以更好地管理电网。随着印尼用电量激增，PLN 的电表数据管理系统（Meter Database Management System，MDMS）面临着巨大的挑战，具体如下。

性能不足：随着智能电表安装数量不断增加，在线处理系统要做到实时化，需要使用更高并发和更低读写时延的存储系统。

安全性低：缺少高效、可靠的专用备份设备来保护智能电表用户核心数据，数据很容易受到网络攻击、被泄露和遭受其他安全威胁。

（2）高效、可靠的存储系统，让智能电表工作流畅无阻

经过深入的考量和评估后，PLN 决定选择华为作为存储升级项目的合作伙伴。基于对 PLN 需求的深入理解，华为推荐 PLN 采用由两套 OceanStor Dorado 5000 全闪存存储组成的双活解决方案，来支撑智能电表的电表数据管理系统，承担智能电表数据的收集和分析工作。通过全闪存介质，可以提升读写速度和降低能耗。同时，OceanStor Dorado 5000 全闪存存储采用 SmartMatrix 技术，优化数据在控制器和 SSD 之间的分布，实现业务负载均衡和高可靠性。因此，由于两个控制器同时处理数据，任何单点故障都会被消除，整体设计提供了 99.9999% 的可靠性，这意味着 PLN 的电表数据管理系统永远不会中断。

此外，华为推荐 PLN 在主数据中心和灾备中心分别部署一套 OceanProtect X6000 专用备份存储用于保护用户核心数据，两个站点之间通过复制实现备份数据容灾，防止数据损坏和丢失。OceanProtect X6000 专用备份存储通过双活的高可靠设计和复制链路加密、备份数据重删压缩等高级特性，提供最高可达 172 TB/h 的系统恢复带宽，可保障极端情况下快速恢复业务、降低损失。鉴于勒索软件

的威胁，OceanProtect X6000 专用备份存储还提供独有的加密和勒索检测算法，为电力数据提供极致保护，有力保障副本数据安全可用。

更强韧性："专业存储底座 + 内生安全能力"双重保护，提供99.9999% 的可靠性，保障电力业务平稳运行。

高效管理：通过数据中心合并软件对资源进行分析和监控，快速定位问题，优化资源使用效率，降低管理成本。

更优服务：高效存储系统协助 PLN 快速识别用电模式，发现用电高峰，从而智能调整电量供应，防止意外停电。

PLN 信息技术和数字管理总监苏若梭·伊桑达尔（Suroso Isnandar）坦言："华为存储快速、稳定、高效地支持我们的 MDMS，让我们可以轻松地管理智能电表采集的数据，从而提高业务效率，并最终取得成功。"

5.3.6　教育科研领域

1. CSUC：比特与瓦特的极限探索

在欧洲的数字化浪潮中，托管服务提供商（Managed Service Provider，MSP）模式颇为盛行。MSP 模式是一种由专业机构为企业用户提供成熟 IT 管理和支持的灵活服务模式，通常包含服务器、存储、网络、安全等硬件及管理服务，甚至上层的应用软件、业务运营服务，可帮助最终用户大幅降低运营成本，增强业务灵活性与竞争力。

西班牙的数字化先锋加泰罗尼亚大学服务联盟（Consorci de Serveis Universitaris de Catalunya，CSUC）堪称 MSP 模式的翘楚，该联盟由加泰罗尼亚地区的 10 所大学组成，为各大学府、科研机构提供 HPC、研究数据共享、博物馆及图书馆管理等服务，以合作与协调提升整个加泰罗尼亚地区各大学府和科研机构的运转效率。据了解，CSUC 将分布在各地的 16 座超级计算机连接起来，主要支撑上层的分子动力学及药物学科研平台建设。

（1）关键诉求与挑战

MSP 模式并非完美无缺，其服务特性必然带来业务接口复杂、基础设施运营压力大等问题。CSUC 也存在着成长的烦恼，不想在泥潭中停滞，就必须革故鼎新。

设备能耗是亟待解决的最大痛点。能耗是 MSP 模式的软肋，欧洲笼罩于能源危机之下已久，日益推高的电价在 2022 年起的 3 年内已经飙升 5 倍，欧洲 ICT 企业的 OPEX 投入预计将增长 50%。

因此，面对汹涌而来的海量数据，数据中心的能源效率成为悬在 CSUC 头顶的达摩克利斯剑，更新存储设备迫在眉睫。

高能耗叠加低效率，无疑雪上加霜。CSUC 老旧的存储设备不仅空间已被消耗超 90%，而且时延与带宽性能均达到瓶颈，显著减缓各大学府和科研机构的科研进程。

同时，科研数据在读写和成果发布共享环节，涉及文件的网络文件系统（Network File System，NFS）格式与对象的 S3 格式，陈旧的设备要经历多次数据倒换，进一步导致科研效率低下。

（2）绿色时代的"破冰船"与"敲门砖"

愈发严峻的挑战近在眼前，CSUC 计划将剩余的 4 个机架空间全部填满，"能配多少 PB 就买多少 PB"，并致力于选择最大容量、最低能耗的存储解决方案。

衡量标准明确之后，华为 OceanStor Pacific 全闪存分布式存储成为 CSUC 的心仪之选。作为热数据资源池，OceanStor Pacific 全闪存分布式存储可提供 384 TB/U 的业界最大的闪存容量密度，并让此前不敢想象的"1 TB/W"的功耗密度成为现实；同时，结合 5U 120 盘的极致高密机型，帮助 CSUC 在 4 个机架中，真正"装"下了惊人的 40 PB 数据。

"华为的产品和方案满足了我们所有的需求，项目实施后存储容量增加了 24 倍，每 TB 数据功耗降低 15/16"，西班牙 CSUC 数据基础设施经理哈维尔·佩拉尔塔·拉莫斯（Xavier Peralta Ramos）透露，"我们计划采用足够的数据，以此来训练深度学习与 AI 模型，让教育行业进一步走向智能。"

西班牙的数字化先锋 CSUC，遇见了华为 OceanStor Pacific 全闪分布式存储。它们共同对容量密度与能耗展开极致追求，让比特与瓦特不再是难以兼顾的"鱼与熊掌"，让数字基础设施的探索之路繁花似锦、绿意盎然。

从伊比利亚半岛上的一片绿意，我们望见，数据源头的科技力量正在点亮教育科研数字化转型的前路，曾经横亘在道路上的"风车"已无影无踪。

2. 上海交通大学："交我算"平台，存下学子心中的星辰大海

上海交通大学作为我国历史最悠久的顶级学府之一，于百年前民族危难、风雨如晦中诞生，于现今储才兴邦、薪火相传中闪耀，一直在推动教育数字化转型的征途上扮演着先行者的角色。上海交通大学的"交我算"超算平台（简称"交我算"平台）便在其"普惠 + 融合"的数字化建设理念下应运而生。

上海交通大学的"交我算"平台始建于 2013 年，经过多年发展，已成为国内高校领先的校级超算平台，已累计服务全校 900 多个科研课题组和 180 余门本科与研究生课程，支撑 400 余篇发表在《科学》《自然》等期刊的国际高水平论文，以及全校逾万人次的学生"云上实践"。多年来，上海交通大学在科研、教学和人才培养领域的蓬勃发

展，都离不开"交我算"平台的有力支撑。

（1）关键诉求与挑战

数字时代的巨浪带来了 HPC、AI 与大数据等多元融合的分析算力，上海交通大学已深刻意识到，当前超算发展趋势已从传统的"数据跟着算力跑"转向"算力围着数据转"。为了顺应"以数据为中心"的数据密集型超算平台建设趋势，上海交通大学对"交我算"平台进行不断升级与扩充。

数据增长迅速："交我算"平台数据涵盖学校本部和医学院及其附属医院的海量科研数据及管理信息，其中超过40%的数据，如生物信息、医学影像等数据来自生物和医学领域，总数据规模增长速率达到 7 PB/ 年，这些数据意义重大、不容有失。

性能要求高：平台用户通常需要运行大量具有高吞吐量、百万级小文件的作业，对快速读写访问提出了很高的要求。传统的 SSD 存储应对此类 HPC 应用场景尤显吃力。

数据共享管理：广大师生手握科研成果，为了更好地管理和分享自己的科研数据，相比手动导出数据上云的方式，使用对象 S3 标准访问接口更简便，而原文件存储功能无法实现类似效果。

（2）全闪分布式存储，时代应答的最强音

自 2019 年起，上海交通大学选择通过华为 OceanStor Pacific 全闪分布式存储来构建"交我算"平台的统一数据基座，为校级超算平台的建设树立了极具典型意义的行业标杆。

领先开源文件系统的混合读写性能：相比全闪存开源 Lustre 文件系统，搭载自研 OceanFS 并行文件系统的 OceanStor Pacific 全闪分布式存储无论在单客户端、多客户端、单流的混合读写及元数据操作性能上均遥遥领先，在部分指标上超越 Lustre 3 倍以上，澎湃的性能大幅提升超算平台用户的计算处理效率。

出色的横向可扩展性：得益于 OceanStor Pacific 全闪分布式存储出色的全对称分布式架构，无元数据瓶颈，容量与性能线性增长，已帮助"交我算"平台在 2019 年起的 3 年间从初始的 2 PB 容量、6 GB/s 带宽扩容至 40 PB 容量、120 GB/s 带宽。

内置原生高性能 S3 接口与多协议互通：OceanStor Pacific 全闪分布式存储支持 S3 接口原生语义，在多端极限读带宽和协议效率上均达到自建 Lustre 系统的 4 倍以上。此外，结合对象与文件的协议互通能力，可以让一份数据在语义无损、性能无损的前提下实现各系统的跨协议访问。

5.3.7　医疗领域

1. 广东省人民医院：长"存"济世之志，"闪"送诊疗之方

广东省人民医院（广东省医学科学院）创建于 1946 年，是一所专科齐全、技术力量雄厚、集医教研于一体的大型现代化三级甲等综合性医院。作为广东省高水平医院建设的排头兵，广东省人民医院瞄准国际医学前沿、国家战略目标，以满足人民健康需求为核心，以科技创新为驱动力，以"学科、平台、人才"三大战略为引领，不断促进多学科交叉融合，促进医教研综合发展。

（1）关键诉求与挑战

广东省人民医院的智能化医疗建设围绕着"医学 + 信息化建设"和"医学 + 大数据应用"双引擎开展，打造了 5G 互联网医院，通过微信、5G 消息小程序、手机客户端等多种应用，为用户提供互联网诊疗、科普宣教、智慧就医、健康应用、远程会诊等服务，如图 5-4 所示。

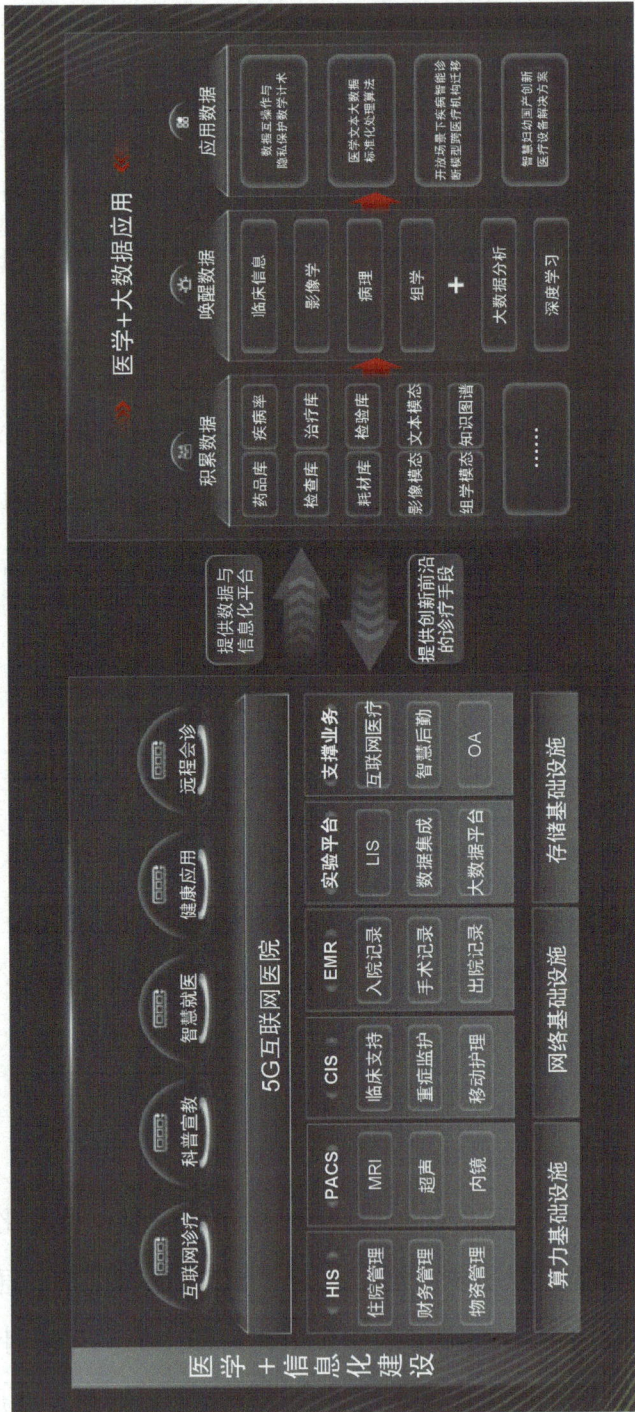

图5-4　广东省人民医院业务架构

医学＋大数据应用

应用数据
- 数据互通作为隐私保护数字化技术
- 医学文本大数据标准化处理算法
- 开放场景下疾病智能诊断模型调配医疗机构运营
- 智慧扫描室产线创新医疗设备解决方案

唤醒数据
- 临床信息
- 影像学
- 病理
- 组学

＋
- 大数据分析
- 深度学习

积累数据
- 药品库
- 疾病率
- 检查库
- 治疗库
- 耗材库
- 检验库
- 影像模态
- 文本模态
- 组学模态
- 知识图谱
- ……

提供数据与信息化平台

提供创新前沿的诊疗手段

医学＋信息化建设

5G互联网医院
- 互联网诊疗
- 科普宣教
- 智慧就医
- 健康应用
- 远程会诊

HIS
- 住院管理
- 财务管理
- 物资管理

PACS
- MRI
- 超声
- 内镜

CIS
- 临床支持
- 重症监护
- 移动护理

EMR
- 入院记录
- 手术记录
- 出院记录

实验平台
- LIS
- 数据集成
- 大数据平台

支撑业务
- 互联网医疗
- 智慧后勤
- OA

算力基础设施

网络基础设施

存储基础设施

204

随着智能化医院的上线，业务需求更加多样化、复杂化，服务医患能力需要进一步提升等要求蜂拥而至，原有的信息化建设技术架构已经不能满足医院定位"智慧医疗"这一发展目标的核心需求。广东省人民医院的临床数据仓库（Clinical Data Repository，CDR）、实验室信息系统（Laboratory Information System，LIS）等核心业务系统数据存储采用"HDD+SSD"的混合闪存存储，在业务访问高峰期，因数据并发访问量大，存储性能出现瓶颈，时延高达 10 ms，在业务层面出现访问卡顿的现象。广东省人民医院提出了**"高可靠、高性能、高安全、高效率"** IT 技术要求，并明确"建设高效、可靠的存储系统是解决问题的关键"。

（2）华为 OceanStor Dorado 全闪存存储技术解决 IT 技术难题

广东省人民医院对解决 IT 技术难题有清晰的认识，经过层层技术调研与方案论证，全方面综合评估与考虑，最终选择了华为 OceanStor Dorado 全闪存存储解决方案，完成了数据中心核心业务系统数据存储改造，全面提升了核心业务系统的数据读取性能、可靠性与空间利用率等，高效助力医院打造更优质的智能化医疗服务平台。

OceanStor Dorado 全闪存存储的新系统上线后，在业务访问高峰期，CDR、LIS App、LIS 数据库等的响应时延稳定在 1 ms 以内，CDR 响应速度提升数倍，业务访问高峰期不再出现访问卡顿现象。华为 OceanStor Dorado 全闪存存储上线前后时延对比如图 5-5 所示。

广东省人民医院医院信息系统（Hospital Information System，HIS）业务过去只承载在单套存储上，并需要搭配网关设备使用，存在单点故障的瓶颈，且 CDR 核心数据提供周期为 15 min 的数据保护，存在数据安全隐患。

图5-5 华为OceanStor Dorado全闪存存储上线前后时延对比

通过华为全闪存存储双活解决方案的改造，医院完全解决了新业务诉求下存储系统面临的痛点，打造出高效率、高可靠、高效能的新一代医疗核心系统。HIS业务由分散在两个数据中心的两套双活存储承载，二者互为灾备且无须使用网关，突破了单点故障瓶颈，大幅提升了HIS的可靠性。此外，华为存储可为CDR核心数据提供周期低至3 s的连续数据保护。存储改造前后架构对比如图5-6所示。

新系统还降低了能耗并减少了机柜的占用。华为存储仅使用36块NVMe SSD、2个2U的机架，就提供了数倍于过去136块串行小型计算机系统接口（Serial Attached Small Computer System Interface，SAS）硬盘、16U机架的存储容量与性能，可满足客户当下和未来的长期诉求。

在广东省人民医院看来，医疗智能化转型，实际上是医学诊疗技术与先进基础设施技术、应用技术相互碰撞形成的融合创新；而本次医疗系统全闪化改造，正是先进存储基础设施技术和现代医学的诊疗技术的成功融合创新。它不仅提升了医院的智慧化水平，也为广大医疗机构的IT建设提供了高价值的借鉴。

未来，广东省人民医院还将延续多领域技术融合创新思路，不遗余力地继续推动医疗智能化转型，树立业内"医疗智能化转型创新标杆"。

2. Asklepios 医疗集团：数据长存无忧，如何建设数据长期备份系统？

医院每天都将产生大量关系千万患者健康的敏感医疗数据，而一旦发生自然灾害或者人为失误，就可能导致数据流失、业务中断，产生非常严重的后果。

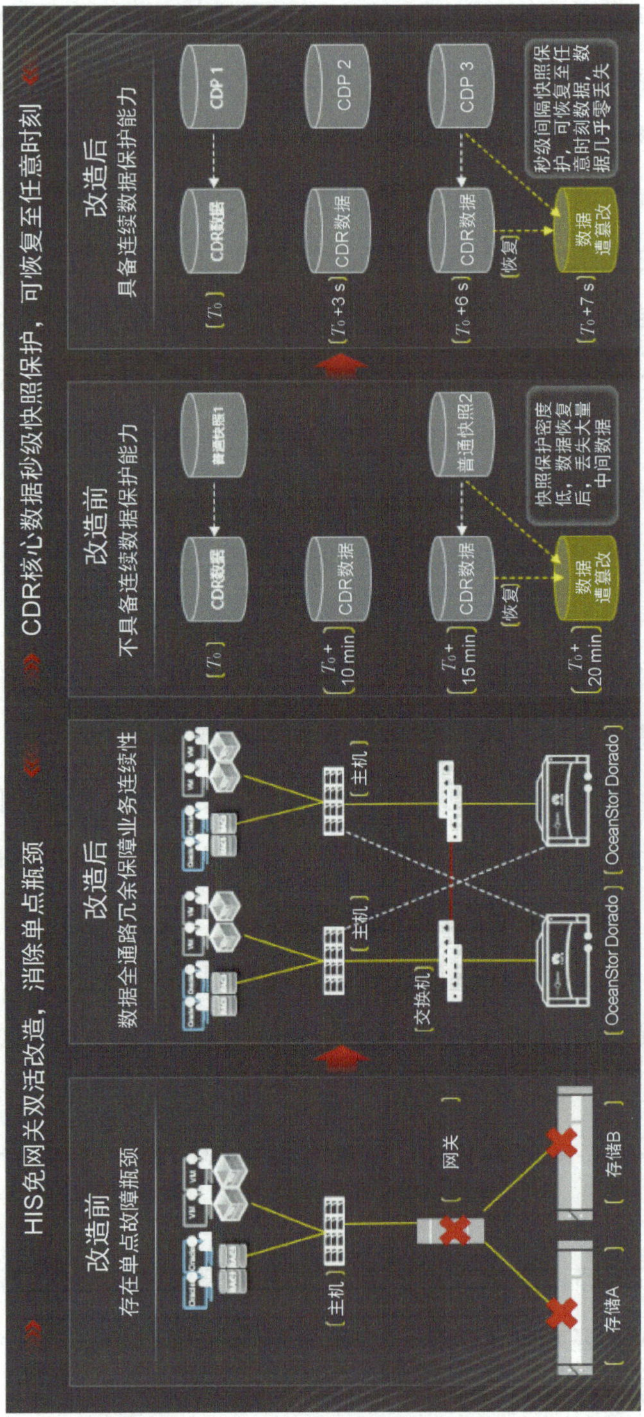

图5-6 存储改造前后架构对比

德国 Asklepios 医疗集团（简称 Asklepios 集团）成立于 1985 年，是欧洲最大的私立医疗集团之一，每年接诊高达 350 万人次。为了给患者提供最先进的医疗服务，Asklepios 集团多年来致力于推动数字化转型，通过 AI 和机器人技术促进创新，来满足患者的救治需求。Asklepios 集团在德国汉堡市设有中央数据中心，以支撑集团所有机构约 18000 个工作站的数字化进程，提供医疗、商务应用、电子邮件、视频会议、文档门户等通信和协作工具。

除了要满足集团内部流程数字化的需求，Asklepios 集团更重要的是要满足诸多医疗信息数字化的法律法规要求，包括提供电子健康档案（ePA）、电子病历（eArzbrief）及电子处方（eRezept）等。

以医学影像存储与传输系统（Picture Archiving and Communication System，PACS）为例，Asklepios 集团所有机构都使用该系统存储 CT、MRI 和超声影像，仅这一系统每天就将产生 500 ～ 700 GB 的新数据。因此，安全可靠、高可用的数据存储对于 Asklepios 集团来说是重中之重。

（1）关键诉求与挑战

由于每年上百万的接诊人次，每天会产生大量敏感医疗数据，数据存储隐患日益凸显，具体如下。

·原有的备份系统已无法满足数据快速增长带来的长期备份业务诉求，备份系统既要在限定时间窗口内精准、高效地完成备份任务，又要备份存储足够灵活便于扩容，这成为越来越复杂的任务。

·温、冷数据越存越多，当需要把以往的医疗影像数据快速调回使用时，备份系统在性能上无法满足业务对及时性的要求。此外，如果一旦发生任何自然灾害，数据能否无损、快速地恢复也成了问题。

自 2020 年起，Asklepios IT 服务有限公司数字化团队负责人费利克斯·德罗尔（Felix Diroll）与他的团队便开始寻找替代方案。他们希望能够找到一个低 TCO、高效率、易部署，足以快速替代原有系统的全新数据长期备份系统。

（2）坚定选择，华为 OceanStor Pacific 对象存储的表现远超预期

费利克斯·德罗尔说："我们一直在寻找能够灵活应对数据增长，并且性价比合适的存储产品。我们相信华为的对象存储系统已经为未来的需求做足了准备。"

经过技术分析和市场调研，华为 OceanStor Pacific 对象存储在以下方面引起了该团队的关注。

在性能方面，单桶对象数在业界遥遥领先，支持千亿对象，且不同于其他厂商的开源存储产品在对象数提升后性能下降明显，OceanStor Pacific 对象存储在高对象数下仍能实现 100 万 TPS 的稳定性能，帮助用户轻松应对未来医疗数据持续的爆发性增长。

在空间利用方面，OceanStor Pacific 对象存储采取全对称分布式架构，单集群可轻松扩展至 4096 个节点，具有能够容纳 EB 级数据的空间。同时，它采用业界领先的"22+2"大比例 EC 算法进行数据冗余保护，将磁盘空间利用率提高至 91.6%，进一步降低了 TCO。

在容错率方面，支持用户部署多活站点进行容灾，并允许最多 12 个站点同时在线服务。当 1 个或 2 个站点整体发生故障时，仍旧能保持业务连续，最大限度地避免了患者的重要医疗数据丢失。

在与华为团队进行了充分的技术交流与验证后，相关负责人决定使用 OceanStor Pacific 对象存储来搭建新的数据长期备份系统。值得一提的是，仅花费一周时间，Asklepios 集团就完成了新系统的快速部

署对接，并同时将原有系统的长期备份数据全量迁移至新系统。

交付完成后，使用 OceanStor Pacific 对象存储自带的可视化管理工具，Asklepios 集团的 IT 团队能够比以往更轻松、更快速地管理系统数据。同时，存储系统提供的智能预测功能可帮助运维人员预测存储容量瓶颈，使其拥有充足的时间进行容量扩充。

防患于未然，Asklepios 集团选择 OceanStor Pacific 对象存储解决了安全隐患，恰如 Asklepios 这个名字，成为整个医疗集团最可靠的守护神。在医疗系统数字化日益加深的进程中，未来华为将携手更多伙伴共同实现医疗行业的数字化创新与转变。

参考文献

[1] Internet Crime Complaint Center. Federal Bureau of Investigation Internet Crime Report 2023 [R/OL]. (2023) [2024-01-15].

[2] Sophos. The state of ransomware 2023 [R/OL]. (2023-05-10) [2024-01-15].

[3] 360安全中心. 2023年勒索软件流行态势报告[R/OL]. (2024-01-3) [2024-01-15].

[4] Gartner. Gartner Global Storage Marketshare[R/OL]. (2024-03-20) [2025-01-15].

[5] Cloudscene. Germany | Data Center Market Overview – Cloudscene [EB/OL]. (2024-08-30)[2023-01-15].

[6] JACOB ROUNDY. How the rise in AI impacts data centers and the environment[EB/OL]. (2024-11-25)[2025-01-15].

[7] 中华人民共和国应急管理部. 应急管理部发布2022年全国自然灾害基本情况. [EB/OL]. (2023-01-13)[2025-01-15].

[8] 国家信息中心. 【专家观点】"算力+能源"支撑能源行业发展 [EB/OL]. (2024-02-06)[2025-01-15].

[9] United Nations Department of Economic and Social Affairs. E-Government Survey 2022[R/OL]. (2022)[2025-01-15].

[10] 健康界. 后"互联互通测评"时代的集成新方向——数据"洞察力"[EB/OL]. (2024-03-27)[2025-01-15].

[11] 新华社. 中共中央 国务院印发《"健康中国2030"规划纲要》
[EB/OL]. (2016–10–25)[2025–01–15].

[12] 中国食品卫生杂志. 中国大陆食源性疾病暴发监测资料分析[EB/
OL]. (2024–12–17)[2025–01–15].

[13] World Economic Forum. Annual Report 2022–2023[R/OL]. (2023–
06–30)[2025–01–15].

[14] International Labour Organization. Statistics on Consumer Prices
[EB/OL]. (2025–01–17)[2025–01–20].

[15] World Health Organization. Artificial Intelligence for Health[R/
OL]. (2024)[2025–01–15].

[16] 网易. 数读：你眼中的中国无人驾驶汽车[EB/OL]. (2022–05–30)
[2025–01–15].

[17] YOUNG K. 人工智能的治愈能力[EB/OL]. (2023–12)[2025–01–15].

[18] 医政医管局. 关于印发进一步完善院前医疗急救服务指导意见的
通知[EB/OL]. (2020–09–24)[2025–01–15].

[19] 2024全球数字经济大会官网. 逐"新"而行 以"质"取胜！以
新质生产力构建北京高质量发展新引擎[EB/OL]. (2024–06–25)
[2025–01–15].

[20] 经济参考报. 调查显示：中国在生成式AI应用方面领先[EB/OL].
(2024–07–17)[2025–01–15].

[21] 上海市科学技术委员会. 关于发布上海市2024年度"科技创新行
动计划" 新一代信息技术关键技术攻关专项（第一批）项目指
南的通知[EB/OL]. (2024–09–14)[2025–01–15].

[22] 央视网. 焦点访谈：发展新质生产力 生物制造 制造万物[EB/OL].

(2024–01–26)[2025–01–15].

[23] 世界银行. 巴西IData [EB/OL]. (2024–08–11)[2025–01–15].

[24] Maria Adele Di Comite. PwC EMEA Analyst Day: May 2023[EB/OL]. (2023–06)[2025–01–15].

[25] Patsnap Database. Getting Started with Patent Searching[R/OL]. (2017)[2025–01–15].

[26] Pure Storage. Pure Storage Solutions for Automakers[R/OL]. (2022)[2025–01–15].

[27] 新加坡经济发展局. 新加坡公司合规和企业治理指南[EB/OL]. (2024)[2025–01–15].

[28] 王健美，张洪源，李荣，等. 新加坡科技创新实践与经验启示[R/OL].(2023–10)[2025–01–15].

[29] SKILLSFuture. SSG｜TechSkills Accelerator (TeSA)[EB/OL]. (2023–05–18)[2025–01–15].

[30] 中国日报网. 韩国政府公布半导体行业发展规划 投资总额达190亿美元[EB/OL]. (2024–06–07)[2025–01–15].

[31] 网易. 全球芯片赛跑：韩国出台《K–芯片法案》[EB/OL]. (2023–04–04)[2025–01–15].

[32] Bilibili. NVIDIA GTC 2024 Keynote – The Future Of AI[EB/OL]. (2024–03–19)[2025–01–15].

图书在版编目（CIP）数据

先进数据存力：加速智能经济发展的高性能引擎 /
华为数据存储产品线著. -- 北京：人民邮电出版社，
2025. -- （数据存力发展与技术前沿系列）. -- ISBN
978-7-115-67165-3

Ⅰ. TP18-05

中国国家版本馆 CIP 数据核字第 2025P1T470 号

内 容 提 要

数智时代已经到来，数据存储作为 ICT 领域的核心技术之一，持续推动产业与社会经济发展。面对全球数据量增长、数据要素市场发展、AI 应用普及、网络安全形势复杂化和绿色低碳发展等趋势，数据存储应迈向"先进数据存力"。全球企业应体系化规划和推进先进数据存力的建设，以应对数智时代的业务挑战。

本书通过六大维度的评估，帮助各行业从业者科学客观地评估和规划数据存力建设，并结合实际案例，为读者全面理解先进数据存力的概念、发展和关键指标提供帮助。

- ◆ 著　　　华为数据存储产品线
　　责任编辑　邓昱洲
　　责任印制　马振武
- ◆ 人民邮电出版社出版发行　　北京市丰台区成寿寺路 11 号
　　邮编　100164　　电子邮件　315@ptpress.com.cn
　　网址　https://www.ptpress.com.cn
　　涿州市殷润文化传播有限公司印刷
- ◆ 开本：700×1000　1/16
　　印张：14.5　　　　　　　　2025 年 8 月第 1 版
　　字数：144 千字　　　　　　2025 年 11 月河北第 3 次印刷

定价：89.80 元

读者服务热线：(010)81055410　印装质量热线：(010)81055316
反盗版热线：(010)81055315

数据存力发展与技术前沿系列

先进数据存力

加速智能经济发展的高性能引擎

华为数据存储产品线　著

人民邮电出版社

北　京